"十二五"国家重点图书出版规划项目

材料科学研究与工程技术系列（应用型院校用书）

熔焊方法与设备

主　编　郑光海

副主编　鲍爱莲　丁元柱　岳竞峰

U0312514

哈尔滨工业大学出版社

内容提要

全书由两部分组成:电弧焊基础理论和常用熔化焊方法。共分9章:第1章和第2章为电弧焊的基础理论,重点介绍电弧基本原理、特性,电弧产生的熔化现象与焊缝成形规律。第3~9章,每章介绍一种熔化焊方法,分别是焊条电弧焊、埋弧自动焊、熔化极气体保护焊、钨极惰性气体保护焊、等离子弧焊、电渣焊、高能束焊接。

本书可作为应用型本科院校焊接专业(材料成型及控制工程专业)教材,也可供材料加工工程、机械以及造船等专业的师生和工程技术人员参考。

图书在版编目(CIP)数据

熔焊方法与设备/郑光海主编. —哈尔滨:哈尔滨工业
大学出版社,2012.8
ISBN 978 - 7 - 5603 - 3719 - 7

Ⅰ.①熔… Ⅱ.①郑… Ⅲ.①熔焊-焊接工艺②熔焊-
焊接设备 Ⅳ.①TG442

中国版本图书馆 CIP 数据核字(2012)第 179619 号

材料科学与工程
图书工作室

责任编辑	许雅莹
封面设计	卞秉利
出版发行	哈尔滨工业大学出版社
社　　址	哈尔滨市南岗区复华四道街 10 号　邮编 150006
传　　真	0451 - 86414749
网　　址	http://hitpress.hit.edu.cn
印　　刷	黑龙江省地质测绘印制中心印刷厂
开　　本	787mm×1092mm　1/16　印张 9.25　字数 214 千字
版　　次	2012 年 8 月第 1 版　2012 年 8 月第 1 次印刷
书　　号	ISBN 978 - 7 - 5603 - 3719 - 7
定　　价	20.00 元

前　言

进入 21 世纪,随着我国加入世界贸易组织和产业结构的调整。我国航空航天、国防、船舶、汽车、建筑、桥梁、石油化工、动力装备等诸多领域中,焊接技术的应用范围越来越广泛,焊接新技术不断涌现,焊接行业得到了蓬勃的发展。

企业对各层次焊接专业人才的需求也日趋旺盛。生产企业和研究机构对焊接人才有着不同层次的需求,特别是生产企业需要的是基础理论扎实、实践能力强的焊接人才。为适应这种需要,全国多所高等院校开设焊接专业或相关专业方向,培养应用型焊接人才。而在关于焊接方法与设备方面,用于应用型人才培养的焊接教材几乎是个空白,即使已经为多所高校采用的经典教材《电弧焊基础》(哈尔滨工业大学杨春利、林三宝编著),也因其理论性强且内容上仅限电弧焊方法而限制其在应用型人才培养中的应用。为了适应这一需要,我们组织编写了本教材。在编写时,参考了诸多国内经典理论教材和技术手册,力求理论与实践紧密结合,既突出理论的深度和广度,又体现实用性,以培养学生理论联系实际和分析问题解决问题的能力。

本教材基本内容由两部分组成:电弧焊基础理论和常用熔化焊方法。因为在熔化焊方法中,电弧焊方法占有主要地位,也是工艺生产中应用最为广泛的一种,所以本书的第1 章和第 2 章主要介绍电弧焊的基础理论,重点介绍电弧基本原理、特性,电弧产生的熔化现象与焊缝成形规律。在第 3~9 章中,每章介绍一种熔化焊方法,分别是焊条电弧焊、埋弧自动焊、熔化极气体保护焊、钨极惰性气体保护焊、等离子弧焊、电渣焊、高能束焊接。在内容的深度和广度上,力求精练而全面,涵盖基本原理和前沿的熔焊技术,突出理论与实践的紧密结合。

本书可作为应用型本科院校焊接专业(材料成型及控制工程专业)教材,也可供材料加工工程、机械以及造船等专业的师生和工程技术人员参考。

本书由黑龙江科技学院郑光海任主编,黑龙江科技学院鲍爱莲、丁元柱和黑龙江省地球物理勘察院岳竞峰任副主编,其中,郑光海编写绪论、第 1 章、第 2 章、第 5 章、第 7 章;鲍爱莲编写第 4 章、第 9 章;丁元柱编写第 3 章、第 6 章;岳竞峰编写第 8 章。在本书的编写过程中得到一些兄弟院校老师的大力支持,在此向他们表示感谢!

由于编者的专业知识有限,书中难免出现疏漏和不足,敬请广大读者批评指正。

作　者

2012.6

目　　录

绪　　论

0.1　焊接技术的发展历程

现代工业领域广泛应用的焊接技术,从其诞生起已有 120 多年的历史。最早应用于工业领域的焊接技术是俄罗斯人别那尔道斯(Бенардов)于 1885 年发明的碳弧焊。1907年,瑞典人发明了焊条,确立了焊条电弧焊的技术基础。

为了克服焊条电弧焊所用焊条长度有限的不足,1930 年人们开发了埋弧焊,可以用更长的连续送进的焊丝进行长焊缝的一次焊接完成,提高了工效和焊接质量,改善了工作环境。从保护熔池和焊缝的目的考虑,人们开始研究钨电极与惰性气体(最早是 He 气)结合保护电弧(Gas Tungsten Arc,GTA)焊接方法的研究,1945 年,用于焊接铝合金的交流 GTA 焊法诞生。

在电弧焊发展的同时,其他一些熔焊方法也相继诞生并得到了完善和发展:1898 年出现了热剂焊,1901 年出现了气焊,20 世纪中叶,相继出现了电子束焊(1957 年)和激光焊(1960 年)。

熔焊方法在得到广泛应用的同时,其技术局限性也暴露出来,因此,一些非熔焊方法也相继出现,比如冷压焊(1948 年)、高频焊(1951 年)、超声波焊(1956 年)、摩擦焊(1957年)、爆炸焊(1963 年)等。

0.2　熔焊方法的分类、特点与工业应用

熔焊方法尽管在原理上各不相同,但其共同之处是将被焊的材料(母材)熔化。现代工业领域中得到应用的熔焊方法已经有十几种,行业里一般倾向于按照热源的不同进行分类,如图 0.1 所示。

1.电弧焊

利用电弧将母材(焊材)熔化,凝固冷却后形成焊缝。电弧在电极之间产生,电弧、熔池及熔滴在特定气氛或熔渣保护下免受空气的氧化。电极可以是相同的材料,也可以是不同的材料。前者称为熔化极气体保护焊,包括焊条电弧焊、埋弧焊、熔化极气体保护焊等;后者称为非熔化极气体保护焊,包括钨极氩弧焊、等离子弧焊等。

电弧焊热源温度高,能量集中,加热速度快,几乎能焊各种金属(等离子弧焊)。可以填充材料焊接中、厚板,也可以不填充材料焊接薄板,可以进行连接焊,也可以进行表面堆焊(带极埋弧焊),可以进行全位置焊接、全自动焊接。

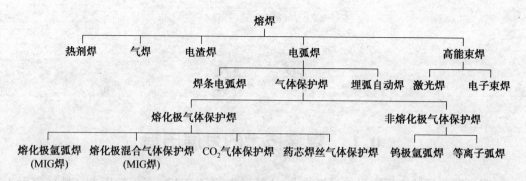

图 0.1　熔焊方法的分类

2. 电渣焊

电渣焊是电弧焊与电阻焊的结合。在焊丝(焊带)与工件间引燃电弧,电弧热将二者熔化后覆盖焊剂,将电弧熄灭而电阻热再将焊剂熔化,形成熔渣池,覆盖在熔池上保护熔池。在电阻热作用下,母材、焊材和焊剂持续熔化,液面上升,熔池逐渐凝固形成焊缝。

电渣焊只能进行立置焊接,非常适合大厚板的焊接。主要用于大型构件的焊接,如电站设备、核装备、冶金设备等。电渣焊是自动焊,焊丝的送进、熔池及渣池的上升均通过焊接专机实现。因其焊接速度慢,接头热影响区宽且组织粗化严重,所以电渣焊后的工件要进行退火处理,以细化晶粒。

3. 气焊

气焊是利用可燃气体的火焰热加热母材(焊材)进行的焊接方法。可燃气体通常有乙炔、天然气(CH_4)、液化石油气(C_3H_8)等,在氧气的助燃下燃烧,火焰热将母材加热熔化,可以填充材料也可以不填充材料。

气焊不需要电源,设备组成简单,操作技术易于掌握,灵活性强;但其不足是火焰有明显的氧化性,加热速度慢,热影响区宽,变形大。因此其应用受到限制,适合不重要构件、单件小批量生产和修复再制造等。

4. 高能束焊

高能束焊是指利用高能量密度的热源加热熔化焊件的焊接方法。高能束包括激光、电子束和等离子弧。高能束焊接的特点是加热速度快,热影响区窄,少或无变形及接头脆化。采用电子束焊接时,工件在真空环境下施焊,接头无氧化。高能束焊的不足之处是设备造价高,投入大,适合大批量生产及精密接头、难熔材料的焊接。

0.3　熔焊方法的发展趋势

熔焊方法在工程制造和安装领域的广泛应用,使这类焊接方法成为金属连接的主要方法。但是熔焊方法也存在其固有的不足,如金属组织性能变化、能耗、污染环境等。未来的发展趋势表现在如下几个方面。

1. 高效焊接

熔焊方法的能耗大,导致生产成本高和环境压力大,为此高效焊接势在必行。在不锈钢、铝合金焊接中用到的活性剂 TIG 焊（A – TIG 焊）就是非常具有发展前景的焊接方法。

2. 焊接自动化和智能化

大批量和高质量、高精度焊缝，对熔焊提出了自动化、智能化要求。焊接机器人、智能化焊接电源层出不穷。

3. 结晶化焊接

焊条焊、埋弧焊等方法都存在较严重的环境污染问题，开发低烟、无烟的焊条、焊剂是环境保护的要求。

第1章   焊接电弧基础

如绪论中所述,电弧焊是种类最多、用途最广的一类熔焊方法。电弧焊熔化金属和填充材料的热源是焊接电弧。本章介绍焊接电弧的特征、产生过程及其内在特性。

1.1   电弧的特征与本质

1.1.1   电弧的本质与特征

简言之,电弧的本质是气体放电,气体放电是指气体电离。电离后的气体称为等离子体(Plasma),是由带电粒子、中性粒子组成的气体,是物质的第四种存在形态,具有高导电性。

气体放电是在某种能量(电场、热场、光、粒子碰撞)作用下的气体电离现象。这种能激发气体产生放电的能量称为激励源。根据气体放电对激励源的依赖程度不同,放电形式有自持放电和非自持放电两种形式,如图1.1所示。

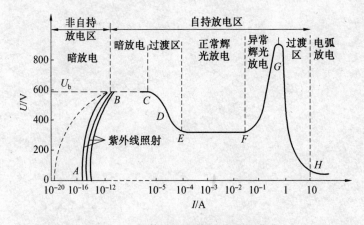

图 1.1   气体放电的伏 – 安特性曲线

非自持放电是在激励源消除后,放电也停止。自持放电则是在激励源消除后,依靠特定能量仍然能够维持的一种放电现象。焊接电弧放电就是一种极端的自持放电现象,是人们根据气体可以产生放电、产生能量转换的内在本质激发出的一种可以利用的放电形式。焊接用的电弧放电在图1.1曲线的最右端,表现出电压最低、电流最大的特征。实际的焊接电弧还伴有其他放电形式没有的弧光和高温。

实际情况中,用于产生焊接电弧的气体(空气、惰性气体、活性气体)是电的绝缘体,但这些中性气体中仍然存在微量的带电粒子($< 10^{-8}$ 电子个数$/m^3$)。当在中性气体间施加一定的电场时,这些带电粒子会被加速向电场两极飞行,途中将与中性的气体原子、分子发生碰撞,使中性粒子电离,产生更多的带电粒子,新生成的带电粒子在电场作用下飞向两极,电弧便形成了。

1.1.2 电弧中的带电粒子

电弧等离子体中的带电粒子是电子、阳离子和阴离子。它们来源于:电源通过阴极向气隙空间发射电子,气隙中的中性气体原子或分子被电离产生阳离子和电子,中性气体原子或分子捕获电子生成阴离子。电弧燃烧时,电弧空间同时存在电子、阳离子、阴离子、中性原子或分子,呈动态平衡状态即等离子体。电弧中的粒子运动和相互作用过程极其复杂,表现出来的特征极为活跃。

1. 电子

电弧空间的电子是由阴极发射出来的。阴极材料是导电性良好的金属、合金等材料,比如钢、铝、石墨等,在电场、热能的作用下向外发射电子。电子在电场的驱动下向阳极飞行,途中会碰撞中性原子、分子,使之产生电离,形成阳离子和电子。

电弧中的电子在运动中,不是全部到达阳极,有一少部分扩散到电弧的外围,与中性粒子复合成阴离子,或与阳离子复合成中性粒子,还有少部分散失到电弧空间以外。

对阴极材料施以电压或高温,均会使阴极产生电子发射。电弧中电子电流的密度与电场强度、阴极材料的温度有直接关系。如图 1.2 所示,在电场强度低于$(1 \sim 2) \times 10^9$ V/m 时,电子电流密度受温度的影响明显,当电场强度高于某值时,电场主导电子的发射,电子电流密度对温度的依赖明显下降。

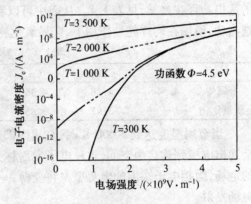

图 1.2 电子电流密度与电场强度的关系

2. 阳离子

阳离子是气体中性原子电离而来的。电子的高速撞击、电弧自身的高温辐射都会使原子产生电离。阳离子在电场的驱动下向阴极飞行,撞击阴极表面反弹回来,释放的动能会进一步导致阴极发射电子。阳离子在运动中特别是电弧外围的阳离子会与电子复合形成中性原子。阳离子同电子一样,是电弧导电、产热的主要因素。

1.2 电弧的产生

1.2.1 接触引弧与非接触引弧

实际中,电弧的引燃有接触引弧和非接触引弧两种方法。接触引弧的过程是:焊丝与工件短路,短路电流使焊丝迅速发热爆断,空载电压 U_0 使电极产生热电子发射击穿气体,场电子发射维持电弧燃烧。这种引弧方法适用于熔化极电弧焊,包括焊条焊(Shielded Metal Arc Welding,SMAW)、熔化极气体保护焊(Gas Metal Arc Welding,GMAW)和埋弧焊(Submerge Arc Welding,SAW)。

当电极与工件不能接触或电极不允许与工件接触时,需要用非接触引弧的方法引燃电弧。非接触引弧的过程是:在电极间施加引弧高电压(几千伏特),场发射电子击穿气体,热发射电子维持电弧燃烧。非接触引弧适用于非熔化极电弧焊,包括钨极惰性气体保护焊(Gas Tungsten Arc,GTA 或 Tungsten Inertia Gas,TIG)、等离子弧焊(Plasma Arc Welding,PAW)。

1.2.2 电弧产生的微观过程

1. 阴极电子发射

阴极电子发射是电弧产热及中性粒子电离的初始根源,电弧中的一切物理现象都与阴极电子发射有密切的关系。电子发射也是电源持续向电弧提供能量的唯一途径。

阴极电子发射是阴极材料中的电子脱离材料的束缚,逸出电极表面进入电弧空间的过程。使阴极产生电子发射的基本能量条件是,外加能量大于阴极材料的电子逸出功 W_w,换算成等效电压为 U_w。外加能量可以是电能、热能,也可以是光能、动能。不同物质的逸出功存在差异,见表 1.1。从表中可以看出,金属氧化物的逸出功均小于金属本身的逸出功,说明在同样能量作用下,金属氧化物更容易产生电子发射。

表 1.1 物质的逸出功 W_w eV

	W	Fe	Cu	Al	K	Ca	Mg
金属	4.54	4.48	4.36	4.25	2.02	2.12	3.78
金属氧化物	—	3.92	3.85	3.90	0.46	1.80	3.31

当金属温度达到 3 000 K 时,金属内部运动能量达到逸出功 W_w 的电子束迅速增多,会逸出电极到达自由空间,这种电子发射称为热电子发射。当在阴极表面施加一定强度的电场,阻挡电子逸出的电势壁垒将变薄,一部分居于高能态的自由电子就会逸出,形成电场发射。

热电子发射和场电子发射是电弧产生的两种初始条件。金属电子发射还有碰撞发射和光发射两种形式。这两种电子发射不是产生电弧的初始条件,但是,电弧产生以后,阴极材料在电弧光辐射的作用下会产生光电子发射,电弧中被加速的阳离子撞击阴极也会产生碰撞电子发射。碰撞发射和光发射与场发射、热发射共同为电弧区提供电子,所以,热发射、场发射产生电弧,随之四种电子发射形式同时存在,维持电弧的燃烧。

2. 中性粒子的电离

单独的电子发射无法产生电弧,需要另一个必要条件,就是气体的电离。电极间的气隙是产生电离的物质条件。

中性的气体原子、分子产生电离的能量条件是,原子、分子获得了超过其电离能 W_i 的外加能量,换算成等效电压 U_i。使原子失去一个电子的能量称为第一电离能,使原子失去两个电子的能量称为第二电离能,依此类推。外加能量可以是电能、动能、光能、热能。不同气体的电离能存在明显的差异。不同原子的电离电压见表1.2。从表中可以看出,金属原子的电离电压均低于非金属原子的电离电压,说明金属蒸气的存在使电弧的电离度提高,这在熔化极电弧焊中很重要。

表1.2　原子的电离电压

原子	电离电压 U_i/V	原子	电离电压 U_i/V	原子	电离电压 U_i/V
H	13.60	Al	5.99	Cr	6.77
He	24.59	Si	8.15	Mn	7.44
Li	5.39	P	10.49	Fe	7.87
C	11.26	S	10.36	Co	7.86
N	14.53	Cl	12.97	Ni	7.64
O	13.62	Ar	15.76	Cu	7.73
F	17.42	K	4.34	Zn	9.39
Ne	21.56	Ca	6.11	Ge	7.90
Na	5.14	Ti	6.82	Se	9.75
Mg	7.65	V	6.74	Kr	14.00

根据电离度的大小,等离子体分为弱电离等离子体和强电离等离子体。弱电离等离子体的电离度低,主要是电子和中性粒子控制等离子体。强电离等离子体是由电子、正离子支配等离子体。因为对象的不同,强、弱等离子体的界限没有统一的标准。一般而言,焊接电弧等离子体的电离度为1%～3%。

3. 带电粒子的扩散与复合

电弧空间的带电粒子在电场作用下总体做定向运动,即电子向阳极运动,正离子向阴极运动。同时,电弧中心轴线上的带电粒子密度高,周边区域的带电粒子密度低,因此,带电粒子会产生从电弧中心向外部周边的扩散,使电弧在形态上呈扩展的形状。

如前所述,电弧中的粒子运动和相互作用过程极其复杂,电弧中的带电粒子有产生同时也有消失。在电弧外围区域,带电粒子的运动速度较低,正离子与电子间容易发生非弹性碰撞产生复合。复合后的中性粒子可能再次被电离,也可能随着气体介质的运动散失到电弧空间以外。

1.3　电弧的构造与特性

1.3.1　焊接电弧的构造

1. 理想电弧模型

理想电弧是电极材料相同、截面相同,电极间通以直流电时产生的电弧,其电弧模型如图1.3(a)所示。水平放置的电极间产生的电弧,中心部分向外扩展,呈现弧状。电弧形状为双轴对称的特征,沿着电弧轴线,从阴极到阳极,分为阴极区、弧柱区和阳极区。据测量,阴极区的长度为1～10 nm,阳极区的长度为0.1～1 μm,电弧的总长度为2～

10 mm。而阴极区和阳极区的长度基本不变,所以电弧的长度基本等于弧柱区的长度。

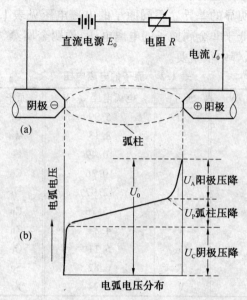

图 1.3　理想电弧模型

图 1.3(b) 显示了电弧长度上的电压降分布情况。在阳极区,聚集了大量来自弧柱区的电子,构成阳极压降 U_A,如图 1.4 所示;在阴极区,聚集了大量来自弧柱区的阳离子,构成了阴极压降 U_C,如图 1.5 所示;在弧柱区,气体电离形成等离子体,其产热与散热维持平衡,不会像两极区一样有过多的阳离子或电子聚集,因此其弧柱区压降 U_P 较两极区压降要小。

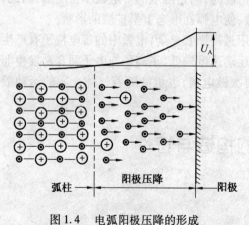

图 1.4　电弧阳极压降的形成

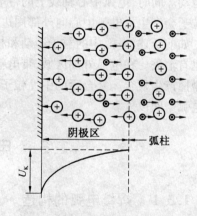

图 1.5　电弧阴极压降的形成

电弧电压为三个区域压降的总和,即

$$U_a = U_A + U_P + U_C \tag{1.1}$$

2. 实际电弧模型

实际的焊接电弧是在截面相差极大的两极间产生的，其中钨极或焊丝直径很小（小于 5 mm），限制了电弧的扩展，而工件面积很大，电弧在工件一侧可以扩展。所以实际的焊接电弧呈锥形，如图 1.6 所示。

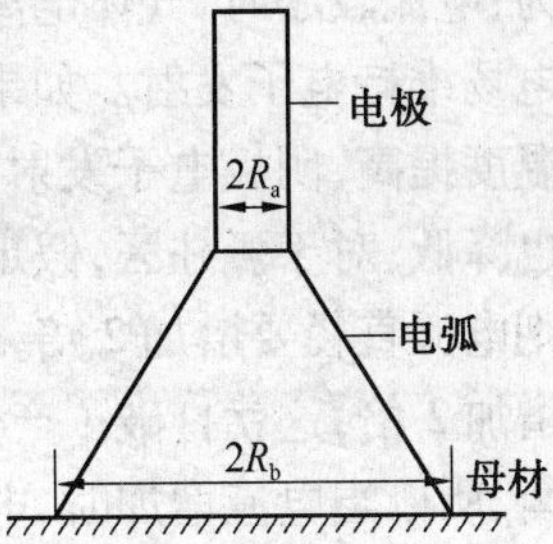

1.3.2 电弧的电特性

1. 电弧的导电机构

电极间的带电粒子（电子和离子）在电弧压降的加速下向两极运动，形成电流。电弧电流等于电子电流 I_e 与离子电流 I_i 之和，即

$$I = I_e + I_i \tag{1.2}$$

在电弧的各个区域，电流的组成有所不同，如图 1.7 所示。在弧柱区，电弧产生的热量发生作用，电流以电子流为主，约占 99%；在阴极区，来自弧柱区的阳离子撞击阴极，使之表面温度提高，产生热电子发射，同时，阳离子的聚集形成了阴极压降，产生场电子发射，所以阴极区的电流组成以电子流和离子流共存；在阳极区，来自弧柱区的电子聚集，并不断被阳极捕获，而阳离子被阳极压降"推开"，所以阳极区的电流几乎为 100% 的电子流。

图 1.6 实际电弧模型

2. 电弧的静特性

电弧的静特性是电弧稳定燃烧时电弧电压－电流特性，用电弧的静特性曲线来表达。电弧的静特性曲线就是在一定的电弧长度（弧长）和稳定的电弧燃烧条件（保护气流量、电极条件等）下，改变电弧电流数值。电弧稳定燃烧时对应的电弧电压曲线，如图 1.8 所示。

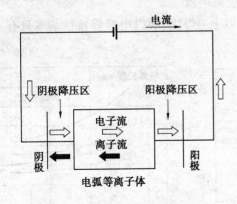

图 1.7 电弧各区域电流组成

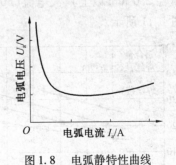

图 1.8 电弧静特性曲线

一般条件下，电弧静特性曲线分为三个区段，分别为下降特性区、平特性区和上升特性区。三个区段与电弧自身的特点有关，包括电弧的性质、产热与散热平衡等因素。

在下降特性区，电弧电压随着电流增加而下降，呈现"负特性"。产生负特性的原因为:电流较小时,气体电离度低,电弧产热及两极温度较低,热电子发射不足,需要较高的电场维持电子发射。如果在这个区段提高电流值,气体的电离度提高,电弧温度及两极区温度提高,阴极电子发射能力增强,阴极压降 U_C 降低,阳极材料蒸发量增加,阳极压降 U_A 也降低;对于弧柱区,假定电弧的电流密度 j(电流／电弧面积)恒定,如果电流增加 4 倍,则电弧直径要增加 2 倍,若弧柱区压降 U_P 不变,电弧产热就会增加 4 倍,而电弧的散热只增加 2 倍,这就打破了产热与散热的平衡,而电弧的特点之一是自动维持产热与散热的平衡,所以当电流增加时,电压要下降。上述多个因素导致了小电流区电弧的"负特性"特点。

在平特性区,电流处于中等大小区间,此时气体电离度显著增加,随着电流的增加,产热增加,散热也增加,电弧的产热与散热维持平衡,电压基本不变。

在上升特性区,电弧的电离度更大,电弧自身磁场的作用使电弧的截面积不能扩大太多,为保证更多电荷顺利通过电弧区到达两极,需要提高电压,而且在这个区间随着电流的增大电压要提高。

根据焊接电弧产生机理的不同,分为焊条电弧、钨极惰性气体电弧、保护气氛电弧、埋弧等不同种类。对于不同种类的电弧,其静特性不一定都具有三个区段。GTA 焊的电弧静特性具有三个区段,如图 1.9 所示。该图表明在各种电流大小的情况下这种电弧都能稳定燃烧。GMA 焊常用到中等以上电流,电弧电磁作用强烈,平特性区段不明显,静特性呈现上升趋势,如图 1.10 所示。SAW 焊接电弧掩盖在焊剂下,电弧的热损失小,而且电弧中基本没有 GTA、GMA 电弧的等离子体存在,一般采用粗焊丝(直径 2.0 mm 以上)、大电流(500 A 以上)焊接,所以电弧静特性基本只有下降阶段,如图 1.11 所示。

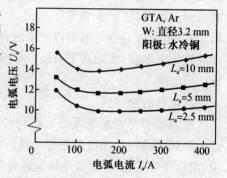

图 1.9　GTA 焊接电弧的静特性曲线

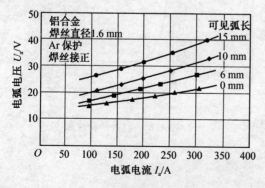

图 1.10　GMA 焊接电弧的静特性曲线

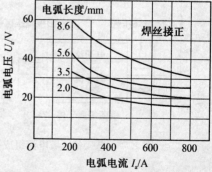

图 1.11　SAW 焊接电弧的静特性曲线

3. 电弧静特性的影响因素

(1) 电弧长度

电弧电压 U_a 与弧长 L 的关系可用下式表示

$$U_a = U_{a0} + EL \tag{1.3}$$

式中，U_{a0} 为 U_C 与 U_A 之和，它不随电弧长度的变化而变化；E 为弧柱区单位长度上的电压降，称为弧柱电位梯度。在整个弧柱区，E 是各处相等的；L 为弧长（约等于弧柱区长度）。

因为阴极区和阳极区的长度与弧柱长度相比可以忽略不计，电弧长度约等于弧柱区长度，所以弧柱电位梯度也就是电弧电位梯度。因此，从式(1.3)可以看出，当弧长 L 增大时，电弧电压 U_a 提高，反之，电弧电压 U_a 降低。从图1.9～1.11可以看出，不管是哪种类型的电弧，当弧长发生变化时，电弧静特性曲线也会改变其在坐标系中的位置，即当弧长增大时，静特性曲线上移，反之，静特性曲线下移，这与式(1.3)反映的现象是一致的。从图中还可以看出，当静特性曲线位置发生改变时，其斜率也发生变化，这是由于电弧的散热是呈现非线性变化的结果。

(2) 保护气成分及流量

图1.12所示为保护气成分对电弧电压的影响。从图中可以看出，在不同的保护气氛下，即使弧长相同，也会出现不同的电弧电压。其原因在于不同成分的保护气对弧柱电位梯度 E 的影响不同。

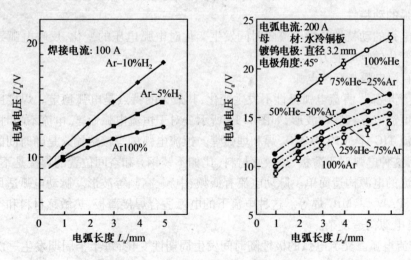

图 1.12　保护气成分对电弧电压的影响

表1.3为各种保护气氛下电弧电位梯度。不同保护气氛下电弧电位梯度不同可以做如下解释：一是如图1.12所示，氢、氦等原子质量小、质量轻的原子从电弧中心向周边区域扩散的速度明显大于原子质量大、质量重的氩原子，带走的热量多，电弧需要通过提高电压来维持热量平衡，为此，氢、氦等保护气氛下电弧电位梯度高。二是多原子气体如氧气、二氧化碳等，在电离之前要分解，分解反应是吸热的，电弧同样要通过提高电压维持热

量平衡。三是各种气体的电离能不同,电离能大的气体从电弧吸热多,电弧电位梯度高,反之,电位梯度低。这里要特别指出,母材在电弧热作用下产生蒸发,蒸发的金属原子电离能明显低于气体的电离能,使电弧电压降低并使电弧稳定,且焊条药皮、埋弧焊焊剂及药芯焊丝中的药剂有稳弧作用的成分。

表1.3　各种保护气氛下电弧电位梯度

气体	氩气	空气	氮气	二氧化碳	氧气	水蒸气	氢气
电位梯度比	0.5	1.0	1.1	1.5	2.0	4.0	10

（3）电极条件

电极对静特性曲线的影响表现在电极的电子发射能力方面,电子发射能力受电极种类、直径、前段形状影响。一般来说,在弧长相同时,电极的电子发射能力强,电弧电压低,静特性曲线靠紧下方。钨极氩弧焊采用直流正极性时,钍钨、铈钨电极比纯钨电极的电子发射能力强,电弧电压低。电极前端锥角越小,电弧电压越低。熔化极焊接时,焊丝的种类和直径对电弧电压影响明显。

（4）母材情况

母材对静特性曲线的影响主要表现在母材对电弧的冷却作用方面,比如导热系数高的铝、铜等材料,需要较高电压,而导热系数低的不锈钢电弧电压要低很多。

（5）环境条件

环境温度低,对电弧冷却作用明显时,电弧电压提高,曲线上移。

4. 电弧的动特性

焊接电弧的动特性是指电流随时间发生变化时电弧电压的变化,反映电弧导电性对电弧电流变化的响应能力。

（1）直流电弧与交流电弧

① 直流电弧。直流电弧极性不发生变化,其最大的特点是电弧稳定。焊接用直流电的波形有恒流波形和脉动波形,如图1.13所示。对于恒流电弧而言,电流不随时间变化,适用于恒流TIG焊、MIG焊、CO_2焊和埋弧焊。恒流电弧的焊接热输入是随时间的延长持续增加的,这种电弧对于薄板、热敏感材料(比如不锈钢)和空间位置的焊接是不利的,但是提供恒流的电源构造简单。脉动电流有低频、中频、高频等波形。脉动电弧适用于脉冲的TIG焊、PAW焊、MIG焊等。这种电流下的电弧适合焊接薄板、热敏感材料和空间位置焊接,但是电源构造复杂。

② 交流电弧。交流电弧的极性随时间发生周期性变化,每半个周期发生一次极性反转,电流过零,电弧瞬间熄灭随之再次引燃,导致电弧不稳定。当电弧两极材料不同时,材料电子发射能力不同,导致在正负半波电流大小不同,正负半波电流的差值称为直流分量,主要出现在交流TIG焊接当中,以铝合金的交流TIG焊最为明显。在熔化极电弧焊中,由于焊丝与母材性质基本相同,直流分量很小,可以忽略不计。直流分量对焊接变压器会造成不利影响,需要在电源设计时考虑予以去除。目前通行的方法是人为构造出一种正负半波不平衡的电流波形,如图1.14所示。

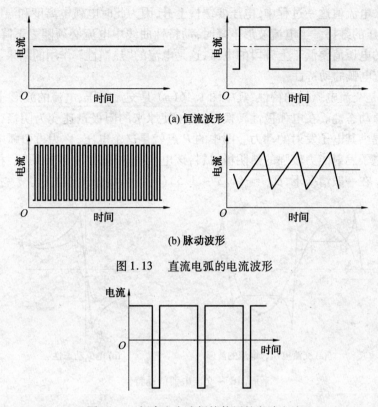

图 1.13　直流电弧的电流波形

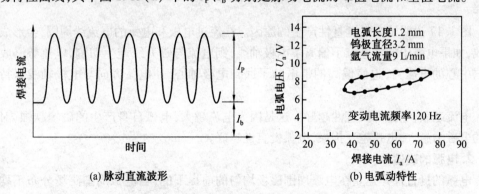

图 1.14　铝合金交流焊接使用的方波电流

（2）直流电弧的动特性

对于直流电弧中的恒流电弧，没有动特性的问题，只有脉冲电流电弧才有动特性问题。图 1.15（a）是直流电流上叠加了正弦波构成的脉动直流波形；图 1.15（b）是该电弧的动特性曲线，其中图 1.15（a）中的 I_P、I_b 分别是脉动电流的峰值电流和基值电流。

（a）脉动直流波形　　　　　　（b）电弧动特性

图 1.15　直流脉动电弧的动特性

如图 1.15 所示，电流波形表明电弧电流值随着时间发生周期性变化，而其极性不发生改变。在动特性曲线中，封闭曲线的左端对应着基值电流 I_b，右端对应着峰值电流 I_P。在基值电流点，电弧引燃，随之电流波形向上移动，动特性曲线也呈现上升特点，表明从电弧引燃到最大电流值这一过程中,电压要缓慢上升,因为此时电弧电离度和温度是逐渐上升的,需要电压的维持。当电流波形下降时,动特性曲线中电流必须随之下降,而在某一电流时对应的电压值要低于上升段的电压,这是电流的"热惯性"作用的结果。

(3) 交流电弧的动特性

图 1.16 是交流电弧的动特性,其中图 1.16(a) 是交流电压、电流的波形,图 1.16(b) 是对应的电弧动态性。在电弧极性转换时,必须使原来的阳极迅速变为阴极,因此,需要较高的电压提供其电子发射的动力。图中的 P 点就是这个电压,称为再引弧电压,用 U_{yh} 表示。对于电子发射能力较强的热阴极材料,该电压值较低,而对于冷阴极材料,该电压值要求较高。在一般情况下,$U_{yh} \approx (1.3 \sim 1.5) U_f$,$U_f$ 为电弧工作电压。

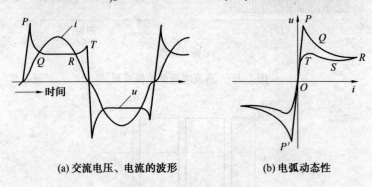

(a) 交流电压、电流的波形　　　　　(b) 电弧动态性

图 1.16　交流电弧的动特性

1.3.3　电弧的挺直性与磁偏吹

1. 电弧的挺直性

电弧的挺直性是指电弧作为一个柔性导体,能够克服外界干扰,力求保持电流沿着电极轴线方向流动的性能。通俗地讲,就像手电筒发出的光束始终沿着电筒轴线方向传播一样。

图 1.17 说明了电弧挺直性产生的原因。在流过电极和电弧的电流线周围,会形成磁力线,如果电弧中的带电粒子偏离了电极轴线,则电流与磁力线产生切割,电流势必收到指向中心的电磁力,迫使偏离的带电粒子回到电极轴心,使电弧方向与电极轴线保持一致。

电流越大,电弧的挺直性越好。这是因为电流越大,电弧自身产生的磁场越强,对电流的电磁力越大,电弧越受拘束,电弧挺直性越好。

2. 电弧的磁偏吹

电弧的挺直性是建立在电弧周围磁场均匀的前提下的,当电弧周围磁场分布不均匀时,就会产生电弧向某一方向的偏离,称为电弧的磁偏吹,如图 1.18 所示。

因为条件不同,磁偏吹会在下面几种情况下出现。

(1) 电缆接线位置引起磁偏吹

这种情况指的是工件电缆的接线位置,图 1.19 为地线接线位置引起磁偏吹。电流在

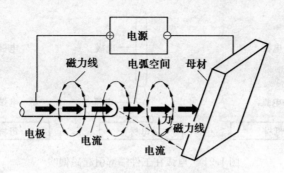

图 1.17　电弧挺直性产生的原因

电极、电弧、母材间形成一个回路,在它们周围都形成磁场。在母材周围的磁场与电弧周围的磁场相互叠加,使接地电缆一侧的磁场强度高于另一侧,电弧像是被强磁场推开,而形成磁偏吹。

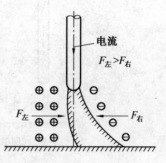

图 1.18　电弧的磁偏吹

（2）电弧附近铁磁性物质引起磁偏吹

如图 1.20 所示,当电弧一侧有强的铁磁性物质时,此处的磁力线多数为铁磁物质吸收,使另一侧的磁场强度变大,其结果同样导致电弧向磁场强度弱的铁磁性物质偏吹,像是被铁磁物质吸引过去一样。

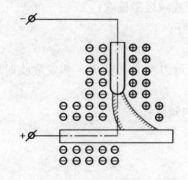

图 1.19　地线接线位置引起磁偏吹

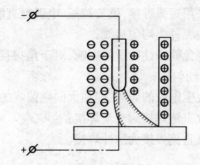

图 1.20　铁磁性物质引起磁偏吹

（3）电弧处于工件端部引起磁偏吹

如图 1.21 所示,钢铁材料焊接中,电弧移到母材端部时,端部以外区域的磁力线密度较大,电弧被工件面积大的一侧吸引过去,形成偏吹。

（4）相邻电弧引起磁偏吹

相邻电弧之间的磁场会相互影响,表现为同向电流的电弧相互吸引,反向电流的电弧相互排斥,从而产生电弧偏吹,如图 1.22 所示。

（5）克服磁偏吹的方法

电弧磁偏吹会使电弧的指向性变差,电流密度下降,热效率降低,影响焊缝成形。对于气体保护焊来说,还会破坏气体的保护效果。为此,需要在生产实际中克服磁偏吹现象

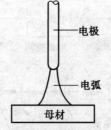
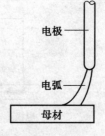

图 1.21　电弧在工件端部引起磁偏吹

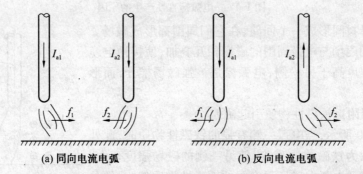

(a) 同向电流电弧　　　　　　　　(b) 反向电流电弧

图 1.22　相邻电弧引起磁偏吹

的产生。针对上述情况,可以采用下列方法克服或减轻磁偏吹:

①采用短弧焊接,弧长越短,电弧挺直度越好;

②在工件上均匀接线;

③避免铁磁性物质的影响,对于角接接头,可以在立板的另一侧安放临时钢板平衡磁场的不均匀性;

④改变电极的倾角,即加大向磁偏吹的方向倾斜;

⑤改直流焊接为交流焊接;

⑥改直流焊接为脉冲焊接。

1.3.4　电弧的热特性

1. 电弧的产热

（1）电弧中的热量来源

焊接电弧的热量来自电源提供的能量,本质是电流做功。电源向电弧提供的电能可以表示为

$$P_a = IU_a = I(U_C + U_P + U_A) \tag{1.4}$$

该能量转变成热能、光能、机械能。其中的热能占总能量的绝大部分,以传导、辐射、对流的形式传递给周围的气体、阴极和阳极。光能以辐射的形式向周围及阴极、阳极传递。机械能是指电弧中带电粒子运动产生的动能,对两极材料作用较大,最终也表现为热能。电弧在产热与散热方面能够自动维持平衡状态。

（2）阴极区的产热与散热

如图1.5所示，在阴极区，主要产生电子发射和接受阳离子轰击。到达阴极 Z_x 的阳离子携带动能，这个动能是通过电弧电场加速得到的，阳离子撞击到阴极时，动能会转化成热能；阳离子在阴极区会有一部分与电子发生复合，释放给阴极区电离能；弧柱区以传导、辐射的形式向阴极区传递热量。这三个方面的能量均使阴极区及阴极材料加热。阴极发射电子，带走电子逸出功，相当于冷却阴极。假设电弧电流中电子电流占全部电流的比例为 f，则阴极的热量可表示为

$$P_C = I[(1-f)(U_C + U_i + U_T) - fU_{wC}] + P_{rC} + P_{aC} \qquad (1.5)$$

上式括号中第一项为阳离子携带的动能，通过与阴极材料的弹性碰撞转化成热能及阴阳粒子复合释放的电离能；第二项是阴极电子发射带走的逸出功。公式中的后两项为弧柱区以辐射、传导的形式传递给阴极区的热量。

（3）阳极区的产热

阳极区获得的热量来自两个方面，一方面是来自阴极的电子被阳极捕获释放的动能及逸出功，另一方面是来自弧柱区的辐射、传导的热能，可表示为

$$P_A = If(U_A + U_{WA} + U_T) + P_{rA} + P_{aA} \qquad (1.6)$$

2. 电弧上的温度分布

（1）电弧各区温度范围

从式（1.5）和式（1.6）的比较可以看出，对于熔化极电弧焊，多数情况下电极材料相同，阳极区产热要大于阴极区。因此，阳极区温度略高于阴极区，但是受到电极材料熔点的限制，两极的温度略高于熔点。对于非熔化极电弧焊，由于电极材料有明显的不同，两极区的温度也有较大差别，钨极前端的温度略低于其熔点，而母材表面温度略高于其熔点。同时，不论是熔化极电弧焊还是非熔化极电弧焊，在电弧的三个区域中，弧柱区的等离子体密度最大，也最活跃，产生的热能、光能及动能占电弧总能量的90%以上，导致弧柱区具有电弧中最高的温度。据测量，焊条电弧焊的电弧温度为6 000 ~ 7 000 K，钨极氩弧焊电弧温度为8 000 ~ 9 000 K，MIG焊电弧温度为12 000 ~ 14 000 K，而等离子弧的电弧温度为25 000 ~ 40 000 K。

（2）电弧等温线分布

在电弧径向和轴向上，等温线的分布如图1.23所示。从图中可以看出，等温线的分布性状与电弧物理形态基本一样，表现为中心温度高、两侧温度低的特征。

（3）电弧温度分布的影响因素

① 电流。焊接电流增大，电弧产热量增大，导致电弧最高温度升高。比如，钨极氩弧焊时，当电流达到400 A时，钨极前端的最高温度可达 22×10^3 K，如图1.24所示。但是，对于这种焊接方法来说，因为受到钨极熔点和载流能力的

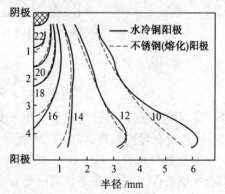

图1.23　电弧等温线分布

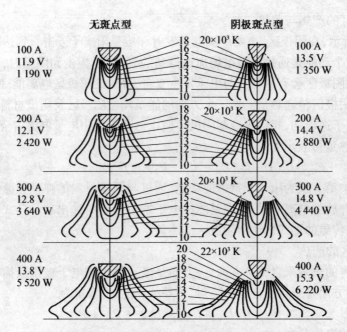

图 1.24　GTA 焊接电流对电弧温度的影响

限制,400 A 的电流已经达到了极限。

②电弧电压。电弧电压增大,意味着电弧变长,电弧等温线的发散程度扩大,反之,电弧等温线发散度变小,如图 1.25 所示。而电弧电压的变化对电弧最高温度没有明显影响。

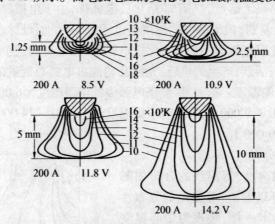

图 1.25　弧长对电弧温度的影响

③阴极斑点。阴极斑点处为电子集中发射或气体集中电离的区域,其电流密度极高,为此,此处温度最高,如图 1.24 所示。

④保护气成分。对于 GTA 焊接,保护气氛不同,电弧最高温度没有明显差别,只是在混合气氛条件下,电弧形态扩展明显。

⑤环境条件。环境温度越低,对电弧的冷却越明显,使电弧形态自发地收缩,其最高温度不会发生明显变化。

1.3.5 电弧上的作用力

对于焊接而言,电弧不仅仅是热源,也是一个力源。电弧力与熔池形态、尺寸、焊缝成形、熔滴过渡等有密切关系,同时也是形成不规则焊缝、产生焊接缺陷和焊接飞溅的主要原因。

1. 电弧静压力

由电工学知识可知,两根相互平行的导体中通以同向电流时,导体间产生相互吸引。对于某一导体来讲,可以看做无数条同向的电流线相互吸引,对于固态导体,这种引力不会改变其形状,而对于柔性的电弧来说,则使电弧向中心收缩。

由 1.3.1 节可知,实际电弧的形态是近似锥形的,也就是说,电极一端电弧界面小,工件一端电弧界面大。这种形状上的不对称,导致上述电磁收缩力会产生两个分力,其中一个分力指向电弧几何中心,另一个分力则由电弧的小截面指向大截面。前一个分力之和使电弧产生指向中心的收缩趋势,称为电磁收缩力,而后一个分力之和称为电弧静压力。电磁收缩力和电弧静压力的表达式为

$$F = 1/2KI^2 \tag{1.7}$$

$$F_a = KI^2 \lg\left(\frac{R_b}{R_a}\right) \tag{1.8}$$

从式(1.7)和式(1.8)可知,电磁收缩力与电弧静压力的大小均与焊接电流成正比。

2. 电弧动压力(等离子流力)

电弧静压力由电极指向工件,驱使电弧中的粒子(主要是中性粒子)由电极飞向工件,并带动带电粒子同向飞行,形成等离子气流,到达工件形成一个附加力,称为等离子流力,即电弧动压力。等离子流力与焊接电流、弧长、电弧形态等因素密切相关。多数情况下,电流越大、弧长越短、电弧压缩程度越大,等离子流力越大。等离子流力对熔池产生强烈的冲击,使熔深加大,尤其在熔化极气体保护焊中表现明显。

3. 斑点力

在电极斑点(阴极斑点和阳极斑点)处,电子集中发射或气体集中电离,导致此处电流密度极高,电弧静压力和电弧动压力均明显高于其他区域。这种力对于熔化极气体保护焊有重要意义:当焊丝上形成熔滴时,焊丝、熔滴和电弧中电流线的分布如图 1.26 所示,由于电磁收缩力由小截面指向大截面,所以斑点处的电磁力阻碍熔滴的下落。当焊丝接正极时,熔滴斑点受到电子的轰击,当焊丝接负极时,熔滴斑点受到正离子的轰击。由于正离子的质量远大于电子,因此焊丝接正极时更有利于熔滴过渡。

4. 熔滴冲击力

当焊接规范达到熔化极电弧焊熔滴形成射流过渡时,焊丝前端熔化金属形成连续细小的颗粒沿着焊丝轴线方向射向熔池。每个熔滴尺寸较小,但在等离子流力作用下,以很高的速度冲向熔池,到达熔池时的速度可以达到每秒钟几百米,对熔池金属形成强烈的冲击,促使其焊缝形成指状熔深。

5. 爆破力

短路过渡时,熔滴与熔池短路时,电弧瞬时熄灭,短路电流(I_0)能达到电弧电流(I_f)的1.2～2.0倍,熔滴中的电流密度短时升高,液柱中产生很大的电磁收缩力时,液柱中部变细,产生颈缩,电阻热使液柱"小桥"温度急剧升高,使液柱汽化爆断,爆断力使金属液形成飞溅。飞溅的熔滴对熔池有一个冲击力,如图1.27所示。更重要的是,熔滴爆断后,电弧瞬间引燃,电弧空间的气体温度升高而膨胀,对焊丝和熔池产生冲击力,这个力量在熔池表面产生作用,会使熔宽有所增加,对熔深贡献不大,严重时会产生熔池的飞溅。

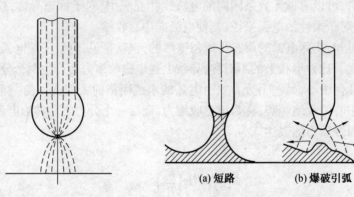

	(a) 短路　　(b) 爆破引弧
图1.26　斑点处的电磁力	图1.27　短路过渡时熔滴爆破力

6. 电弧力的影响因素

(1)气体介质

由于保护气体物理性质的差异,对电弧的作用程度有所不同,使电弧力有所区别。比如,在氩气中混入氦气时,其电弧压力明显降低。据分析,这应该是混合气体的密度变低,电弧发散所致。

(2)电流与电压

如前所述,电流增大,电弧静压力和电弧动压力均增大。电压增高时,电弧力减小,原因是弧长增大,电弧发散。

(3)电极(焊丝)直径

电极(焊丝)直径越细,电弧截面积越小,电流密度也越大,等离子流力越大。

(4)电极(焊丝)极性

电极(焊丝)的极性对电弧力影响很大,这里要区分熔化极电弧焊和非熔化极电弧焊的情况,如图1.28所示。

(5)钨极端部几何形状

在钨极氩弧焊中,钨极端部的几何形状一般有三种:圆柱状、圆台状和圆锥状。其中,圆锥状的钨极可以得到最小的弧根面积,电弧力也就最大。而且,据测量当圆锥顶角为45°时,电弧力最大,如图1.29所示。

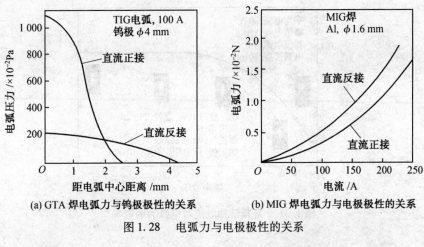

(a) GTA 焊电弧力与钨极极性的关系　　　(b) MIG 焊电弧力与电极极性的关系

图 1.28　　电弧力与电极极性的关系

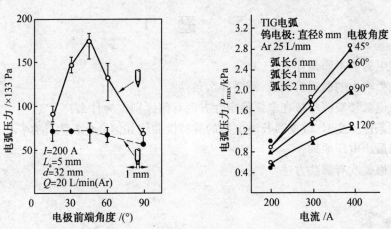

图 1.29　　电弧力与电极端部几何形状和尺寸的关系

（6）脉动电流

当电流随时间发生周期性变化时,电弧力也相应的发生变化。低频脉冲电流下,电弧力的变化能够跟上电流的变化,如图 1.30 所示。随着脉冲频率的提高,电弧力的变化逐渐滞后于电流的变化,当脉冲频率达到一定水平后,电弧压力将不再变化,如图 1.31 所示。

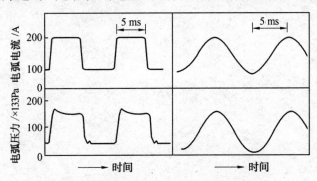

图 1.30　　低频脉冲电流时电弧力随电流的变化

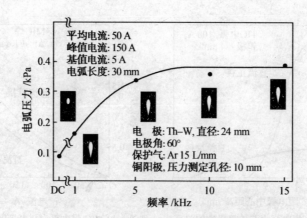

图 1.31 高频脉冲电流对电弧力的影响

习 题 1

1.1 焊接电弧的本质是什么?

1.2 从电弧产生的微观机制看,需要什么条件?

1.3 直流电弧和交流电弧在电弧稳定性方面有何区别? 为什么?

1.4 其他条件不变时,改变弧长时电弧的静特性曲线如何变化? 为什么?

1.5 解释最小电压原理。

1.6 克服磁偏吹有哪些方法?

第2章 电弧焊的熔化现象

电弧焊是通过熔化被焊金属(母材)和填充材料(焊丝或焊条)来形成合格的焊缝。在电弧引起的熔化过程中,母材和焊丝或焊条表现出不同的特点,对焊缝成形及焊接质量有显著影响。

2.1 母材的熔化与焊缝成形

2.1.1 母材的熔化特征与焊缝形状

1. 母材熔化的热量来源

由1.3.4节已知,电弧的热量通过传导、辐射、带电粒子的运动等形式传递给阴阳两极。在电弧焊接中,母材有时作为阳极,有时作为阴极。根据电弧产热机制可知,当母材作为阳极时,比母材作为阴极产热量更大,其表面温度也更高。电弧输入到母材的热流量计算公式为

$$Q = \eta \cdot I \cdot U/v \tag{2.1}$$

式中　　η——电弧热效率,%;

　　　　I——焊接电流,A;

　　　　U——电弧电压,V;

　　　　v——焊接速度,mm/min。

由电弧获得的热流量,在母材上以传导、对流的形式向纵、深传递,其结果是使母材产生熔化,熔化成液态的母材金属称为熔池。熔池在电弧移开后很快结晶凝固成焊缝。

2. 熔池形状

从理论上讲,在无限大的厚板表面进行电弧焊,熔池随之形成的焊缝的断面形状应该是半圆形的。而实际的焊接中,焊接工艺参数、焊丝直径、熔滴过渡形式都影响熔池的形状,所以并不是所有情况均能形成半圆形的熔池。通常,熔池的基本形状有单纯熔化型、中心熔化型和周边熔化型三种,如图2.1所示。

单纯熔化型熔池与热传导理论计算的结果近似,呈现半圆形。此时,熔池中的金属对流比较自由,热量通过熔融金属与固态金属的界面均匀传递,形成传导型熔化。这种熔池出现在热输入较小的电弧焊当中,包括焊条电弧焊、钨极氩弧焊和短路过渡的熔化极气体保护焊。

中心熔化型熔池的形状表现为熔池深度——熔深很大,而熔池宽度——熔宽较小,这种熔池多出现在细丝、大电流的熔化极气体保护焊中。由第1章可知,电弧中的电磁力因为电弧的锥体形状而形成指向熔池的电弧力,这种力与电流的平方呈正比,所以电流越

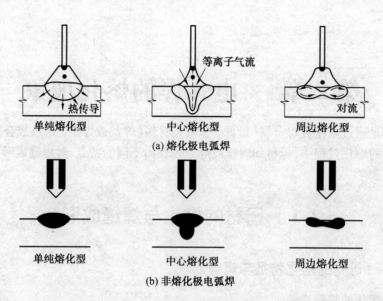

图 2.1　常见的熔池形状

大,电弧力越大。同时,电极或焊丝直径越细,电弧的收缩越明显,电流密度越大,等离子流力越大。所以,熔化极气体保护焊中,电流越大、焊丝越细,电弧力对熔池的挖掘作用越明显,熔深越大。

　　周边熔化型熔池的特点是母材表面周边的熔深比中心区域的熔深大,此时熔池金属向外侧流动,电弧热通过金属的流动逐渐被传递到周边,促进周边的熔化,形成周边熔化型熔池。这种类型的熔池出现在长弧堆焊中。

　　由上所述,母材熔池的形状不仅与热输入有关,更与电弧力有密切关系。在电流、电压不变,即热输入不变的情况下,选用较细直径的焊丝,更容易增加熔深。图 2.2 给出了钢材 MIG 焊时,电流、电压、焊接速度不变的情况下,焊丝直径与焊接熔深的关系。很明显,在实际生产中,选用细焊丝进行焊接对熔深的提高更明显。

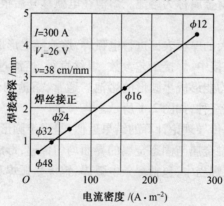

图 2.2　焊丝直径与焊接熔深的关系

3. 焊缝成形参数

焊缝是熔池金属在电弧移开后凝固而成的,因此焊缝的断面形状与熔池形状直接相关。如果忽略熔池金属凝固期间的收缩,可以认为熔池的形状尺寸就是焊缝的形状尺寸。图 2.3 给出了平焊位置对接接头焊缝的成形参数,图中焊缝成形参数有:熔深 H、熔宽 B、余高 a,而 F_H 和 F_m 分别为填充金属面积和母材熔化面积。对接头承载能力影响最大的是熔深,熔宽对焊缝力学性能也有显著影响。将 B 与 H 的比值称为焊缝成形系数或宽深比,用 φ 表示。

焊缝成形系数 φ 的大小影响熔池中气体逸出的难易、金属结晶方向、成分偏析和裂纹倾向。因此,对于通常的连接焊来讲,焊缝成形系数有一个经验范围,即 $\varphi = 1.3 \sim 2.0$。φ 过大,表明熔深不足,母材不能充分与填充金属熔合,焊接生产率也较低;φ 过小,表明熔深过大,不利于气体的逸出和熔渣的上浮。但是,在实际生产中,往往可以通过恰当的工艺措施防止气孔和夹渣的产生,而尽可能地减小焊缝成形系数。这样,一方面可以提高生产效率,另一方面可以减小热影响区的宽度,提高接头服役的可靠性。

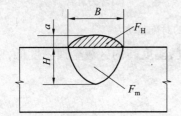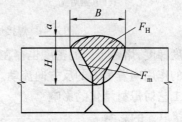

图 2.3 平焊位置对接接头焊缝的成形参数

余高 a 对焊接接头承载能力也有显著影响,具有一定余高的焊接接头,可以避免因焊缝金属收缩带来的缺陷,也可以增加接头的承载面积而提高其承载能力。但是,如果余高过大,会在焊趾部位形成应力集中(只是对接接头)。为此,用余高系数 B/a 来控制合适的余高是必要的,通常余高系数 B/a 取 $2 \sim 8$。

2.1.2 母材熔化的影响因素

1. 力对母材熔化的影响

熔池金属存在流动,流动需要驱动力。图 2.4 给出了无填丝 TIG 焊熔池内部金属对流的四种驱动力。

图 2.4(a) 为电弧等离子流力作用下熔池金属的流动。由第 1 章可知,等离子流力是电磁动压力的表现,它使熔池的中心出现凹陷,同时使熔池金属从中心向周边流动。

图 2.4(b) 为液态金属表面张力作用下金属的流动。由于电弧中心区域的温度高于周边,所以熔池表面张力的方向是由中心指向周边的,液态金属在该力的作用下向周边流动,好像金属被拉向两侧。

图 2.4(c) 为熔池内部电磁力引起的对流。从熔池表面到内部,电流密度逐渐下降,其磁场也是随之降低的。金属间的电磁力沿着电流发散方向分布,产生电磁对流。

图 2.4(d) 为熔池内部金属密度差引起的对流,称为浮力对流。从熔池表面到内部,

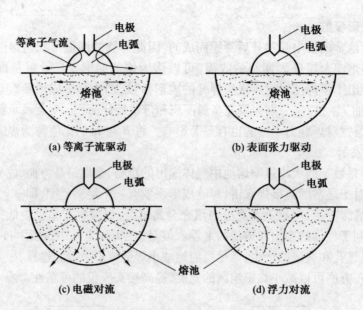

图 2.4 焊接熔池的对流驱动力

存在一个温度梯度,熔融金属的密度也存在梯度,温度高的区域金属密度低,密度高的金属受到浮力的作用向着重力的反方向流动。

2. 焊接工艺对母材熔化的影响

(1) 焊接电流的影响

焊接电流增大时,熔深 H、余高 a 和熔宽 B 均增加,其中熔深增加最明显,其次是余高,熔宽增加较少。因为电流增大后,电弧产热增加,对母材的热输入增加,加速其熔化,更为重要的是,电流增大后,电弧力提高明显,电弧对熔池的挖掘作用增强,使熔深明显增加。熔深系数 K_m(每 100 A 电流获得的熔深) 与电流密切相关,见表 2.1。

同时,热输入提高,也加速了焊丝(焊条)的熔化,使余高增加。电流增大后,电弧发散面积变大,使熔宽增加,而电弧力的挖掘作用限制了熔宽的增加幅度,所以熔宽增加量较小。

表 2.1　几种电弧焊方法及焊接规范时的熔深系数 K_m

电弧焊方法	电极直径 /mm	焊接电流 /A	电弧电压 /V	焊接速度 /(m·h^{-1})	熔深系数/(mm·(100A)$^{-1}$)
埋弧焊	2	200 ~ 700	32 ~ 40	15 ~ 100	1.0 ~ 1.7
	5	450 ~ 1 200	34 ~ 44	30 ~ 60	0.7 ~ 1.3
TIG 焊	3.2	100 ~ 350	10 ~ 16	6 ~ 18	0.8 ~ 1.8
MIG 焊	1.2 ~ 2.4	210 ~ 550	24 ~ 42	40 ~ 120	1.5 ~ 1.8
CO$_2$ 焊	2 ~ 4	500 ~ 900	35 ~ 45	40 ~ 80	1.1 ~ 1.6
	0.8 ~ 1.6	70 ~ 300	16 ~ 23	30 ~ 150	0.8 ~ 1.2
等离子弧焊	1.6(喷嘴孔径)	50 ~ 100	20 ~ 26	10 ~ 60	1.2 ~ 2.0
	3.2(喷嘴孔径)	220 ~ 300	28 ~ 36	18 ~ 30	1.5 ~ 2.4

（2）电弧电压的影响

电弧电压提高，熔宽增加，而熔深和余高均减小。其原因在于，电弧电压提高意味着弧长变长，电弧端部面积增大，热输入密度减小，电弧吹力也减小，母材熔化量深度变浅，而熔宽变大。同时电流不变，焊丝（焊条）的熔化变慢，所以余高变小。

（3）焊接速度的影响

焊接速度对焊缝成形系数的影响与电流正相反，当焊接速度提高时，熔深、熔宽和余高均减小，因为电弧热输入与焊接速度成反比。焊速增加，导致电弧在母材某处停留时间变短，母材熔化量减小，焊丝（焊条）的填充量也减小。

（4）电流种类与极性的影响

电流种类与极性影响热输入的大小，也影响熔滴过渡情况。

当采用钨极氩弧焊方法焊接碳钢、钛合金时，直流正接熔深最大，交流次之，直流反接熔深最小。因为直流正接相对于直流反接，母材的产热量要大。交流电因为极性随时间周期性变化，所以产热居于直流正接和直流反接之间。同时，因为直流正接时允许使用较大的电流焊接，所以熔深会较大。

当采用熔化极焊接时，直流反接时熔深更大。因为此时焊丝接正极，利于实现细颗粒熔滴过渡，熔滴和电弧力对熔池的挖掘作用明显，而且电极斑点对熔滴过渡的阻力小（将在2.2节中介绍）。

（5）电极条件的影响

钨极氩弧焊时，钨极直径和前端形状影响电弧的直径。钨极直径越细，电弧能量越集中，可以得到更大的熔深。但是，钨极直径越细，需用电流也越小，对熔深的增加反倒不利，甚至使熔深减小。当选用较粗的钨极（2.4 mm 以上），而将其前端磨制出一定的锥角，可以收缩电弧，又可以使用较大的电流，对熔深的增加是有利的。

熔化极气体保护焊时，焊丝越细，熔深越大。因为焊丝越细，电弧越集中，且越容易实现细颗粒的熔滴过渡，对熔池的挖掘作用越明显。在熔化极电弧焊时，还要考虑焊丝干伸长度 l_e 的影响。焊丝的干伸长度是指焊丝前端距离导电嘴之间的距离。因为这段焊丝在焊接电源的回路上，会产生电阻热 Q_e。l_e 增加，Q_e 增加，焊丝熔化变快，使焊缝余高 a 增大，而熔深减小。虽然焊丝干伸长度可以提高熔覆效率，但是作为熔化极气体保护焊，为了确保气体保护效果和母材的熔深，需要控制焊丝干伸长度。

（6）其他工艺条件的影响

除了上述影响焊缝成形的因素外，坡口的形式、尺寸，电极与工件的倾角，接头的空间位置，电弧移动轨迹等，也对焊缝成形参数有一定的影响。比如，V 型坡口的坡口角越小，熔深越浅；电极与工件间的倾角越大，熔深越大；平焊位置的熔深，比其他空间位置的熔深大，等等。

2.2　焊丝的熔化与熔滴过渡

2.2.1　焊丝的熔化

1. 焊丝的熔化热

焊丝的前端是电弧,焊丝熔化时的热量来源之一是电弧热。同时,如前所述,焊丝有一定干伸长度 l_e,这段焊丝会产生电阻热 Q_e,这部分热量也会帮助焊丝熔化。因此焊丝的熔化热来自两部分:电弧热和电阻热。

（1）电弧热

焊丝作为阳极和阴极,其产热量有所不同。焊丝作为阳极时,接收电子获得电子的动能和逸出功,同时有弧柱区辐射和传导过来的热能。而焊丝作为阴极时,需要发射电子消耗逸出功,所以焊丝作为阳极时熔化热更高。

（2）电阻热

具有一定干伸长度的焊丝,在电源回路上会产生电阻热,其表达式为

$$Q_e = I^2 R t \tag{2.2}$$

其中的电阻 R 与干伸长度 l_e 有直接关系

$$R = \rho l_e / S \tag{2.3}$$

式中,S 为焊丝的截面积,mm^2。

用于熔化焊丝的热量来自上述电弧热和电阻热,即

$$Q_m = Q_a + Q_e \tag{2.4}$$

2. 焊丝的熔化速度

由上述可知,焊丝的熔化速度显然由焊丝上吸收的电弧热和电阻热决定。大量的试验研究表明,焊丝的熔化速度与其干伸长度呈线性关系,其斜率与电极材料和电流有关,其表达式为

$$v_f = \alpha I + \beta l_e I^2 \tag{2.5}$$

式中,$\alpha(m/A \cdot s)$ 和 $\beta(1/A \cdot s)$ 为比例常数,因焊丝材质、直径和保护气氛而不同。

对于电阻率低的铝焊丝,电阻热对熔化速度的影响不明显,而对于钢焊丝,电阻热影响明显。图 2.5 是不锈钢焊丝干伸长度对焊丝熔化速度的影响。显然,当电流一定时,焊丝熔化速度与其干伸长度呈线性关系,表明电阻热在焊丝的熔化中发挥着重要作用。

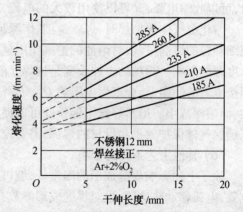

图 2.5　干伸长度对不锈钢焊丝熔化速度的影响

3. 影响焊丝熔化速度的因素

焊丝材质确定后,焊丝熔化速度受电流、干伸长度、焊丝直径、电源极性等因素影响。

① 电流的影响。不论是电弧热还是电阻热,均受电流支配,电流越大,焊丝温度越高,因此,电流增大使焊丝熔化速度加快。

② 干伸长度的影响。干伸长度增加时,电阻热增加,焊丝熔化加快。

③ 焊丝直径的影响。焊丝直径的影响要从两方面分析,一方面,焊丝直径增加,弧根面积增大,电流密度减小。但为了维持焊丝的熔化,需要增大电流值,所以可以认为电流密度不发生变化;另一方面,焊丝直径增加,干伸长度不变的情况下,由式(2.3)可知,电阻热变小,但从式(2.2)看,电流增大对电阻热的影响不大,焊丝熔化速度不会明显变化。

④ 电源极性的影响。电极材料相同时,阳极产热大于阴极,因而阳极熔化快,所以焊丝作为阳极时相对其作为阴极的熔化速度快。

2.2.2 熔滴过渡

1. 熔滴过渡的类型

熔化的焊丝形成熔滴,熔滴脱离焊丝进入熔池,进而形成填充金属的过程称为熔滴过渡。过渡熔滴的大小、形状、过渡频率决定电弧的稳定性,对焊接操作和焊缝成形产生影响。由于受到焊接方法、焊接工艺(电流、电压等)、电源极性、保护气体种类、焊丝材质、焊丝直径等多种因素的影响,熔滴过渡形式有接触过渡、自由过渡和渣壁过渡,见表2.2。

表 2.2　熔滴过渡类型

熔滴过渡类型		形态	焊接方法
1. 接触过渡	(1) 短路过渡		短路 CO_2 气保焊
	(2) 连桥过渡		TIG 焊填丝
2. 自由过渡	(1) 颗粒过渡		
	① 大颗粒过渡		小电流的 GMA 焊
	② 细颗粒过渡		中间电流的 GMA 焊
	(2) 喷射过渡		
	① 射滴过渡		铝的 MIG 焊
	② 射流过渡		钢的 MIG 焊
	③ 旋转射流过渡		特大电流的钢的 MIG 焊
3. 渣壁过渡	(1) 渣壁过渡		埋弧焊
	(2) 套筒壁过渡		焊条焊

2. 熔滴过渡的影响因素

熔滴过渡的颗粒大小、形状、速度和频率以及稳定性,由熔滴上的各种力决定。熔滴上的作用力有重力、表面张力和电弧力。

（1）重力和表面张力

图2.6是一个水滴模型，它可以形象地说明熔融液滴上的重力和表面张力。设想将水阀缓慢打开，让水滴缓慢脱落，水滴在表面张力的作用下慢慢长大。设管口的外径为$2R$，则作用在水滴上的表面张力为

$$F_\gamma = 2\pi R\gamma \tag{2.5}$$

式中 γ—— 水的表面张力系数。

同时，作用于水滴上的重力为

$$F_g = \rho g V \tag{2.6}$$

当重力大于表面张力时，水滴就会脱落。电弧焊时，较粗焊丝、较小电流的平焊，熔滴的过渡就是这种情况，称为重力过渡。

从上面的模型可以看出，重力是促进熔滴过渡的，而表面张力是阻碍熔滴过渡的。对于相同材质和直径的焊丝，温度越高，表面张力系数γ越小，熔滴脱落前的直径越细，如图2.7所示。

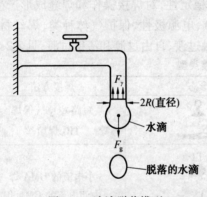

图2.6 液滴脱落模型

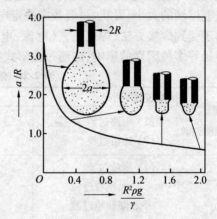

图2.7 密度与表面张力系数对熔滴大小的影响

如果将图2.6的水滴与水面接触，就会出现如图2.8所示的情况。当水滴比较小时与水面接触，如图2.8(a)所示，水滴与水面相连，形成水柱，其根部尺寸与水管相等，到达水面出现扩展；当水滴大于某一临界尺寸时，将出现图2.8(b)的情况，即出现缩颈。产生缩颈的原因是水滴的长度大于其直径，水滴中部的表面张力对水滴产生向心拘束。

水滴的这种与水面形成短路的现象与焊丝熔滴和熔池的接触情况相同，原本阻碍熔滴过渡的表面张力，因为熔滴与熔池的接触反倒成为促进熔滴过渡的力。这种情况发生在与短路过渡的熔化极气体保护焊中。

这里要特别说明的是，在平焊位置，重力是利于熔滴过渡的，而在其他焊接位置（横焊、立焊和仰焊），重力则会阻碍熔滴的过渡。

（2）电弧力

熔滴上的作用力除了重力和表面张力，还有电弧力。如1.3.5节中介绍的，电弧上的

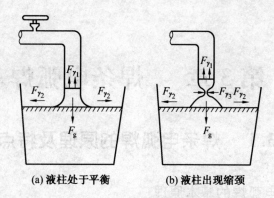

(a) 液柱处于平衡　　　　(b) 液柱出现缩颈

图 2.8　与液面短路的液滴模型

作用力有电磁静压力、电磁动压力(等离子流力)和斑点力等,这些力的本质都是电磁收缩力。因为在熔化极电弧焊中,熔滴位于电弧的一极,所以电弧力对熔滴的过渡产生重要影响。

图 2.9 给出了电磁力对熔滴过渡的几种不同的影响。图 2.9(a) 是短路过渡的情况,熔滴将焊丝和熔池连接起来,表面张力易于熔滴过渡。在弧长较长、熔滴脱离焊丝前不能与熔池接触,熔滴前端形成了图 2.9(b) 所示的电弧,熔滴下方的电弧出现扩展,电弧力由小截面指向大截面,即由熔滴指向熔池,促进熔滴的过渡。这种情况相当于熔化极气体保护焊的细颗粒过渡和射滴过渡。对于二氧化碳气体保护焊,电弧电位梯度大,电弧收缩明显,使熔滴端部弧根面积小于熔滴,电磁力指向熔滴,阻碍熔滴的过渡,容易形成大颗粒过渡,如图 2.9(c) 所示。

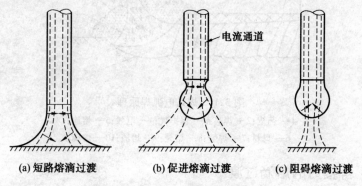

(a) 短路熔滴过渡　　　　(b) 促进熔滴过渡　　　　(c) 阻碍熔滴过渡

图 2.9　电磁力对熔滴过渡的影响

习　题　2

2.1　焊接电流、电压的变化如何影响焊缝的熔宽、熔深和余高?

2.2　电弧及熔滴上的力怎样影响熔滴过渡?

第3章　焊条电弧焊

3.1　焊条电弧焊的原理及特点

3.1.1　焊条电弧焊的基本原理

焊条电弧焊是用手工操作焊条进行焊接的电弧焊方法,如图3.1所示。焊条电弧焊时,在焊条末端和工件之间燃烧的电弧所产生的高温使焊条药皮与焊芯及工件熔化,熔化的焊芯端部迅速形成细小的金属熔滴,通过弧柱过渡到局部熔化的工件表面,熔合在一起形成熔池。药皮熔化过程中产生的气体和熔渣,不仅使熔池和电弧周围的空气隔绝,而且和熔化的焊芯、母材发生一系列冶金反应,保证所形成焊缝的性能。随着电弧以适当的长度和速度在工件上不断地前移,熔池液态金属逐步冷却结晶,形成焊缝。

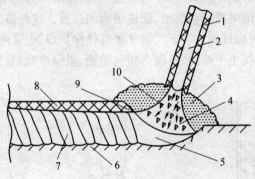

图3.1　焊条电弧焊原理

1—药皮;2—焊芯;3—保护气;4—电弧;5—熔池;
6—母材;7—焊缝;8—熔壳;9—熔渣;10—熔滴

3.1.2　焊接时的熔滴过渡

熔滴过渡的形式影响到飞溅的严重程度、焊缝形状、是否产生焊接缺陷和电弧是否稳定燃烧等方面,从而对焊接质量产生很大的影响。如2.2.2节所述,焊条焊的熔滴过渡形式属于套筒壁过渡,其实质是沿着未熔的药皮套筒壁进行的短路过渡或粗颗粒过渡。

1. 短路过渡

短路过渡的特征是熔滴在焊条末端长大后与熔池接触,形成短路,电弧熄灭,熔滴进入熔池,随后又重复上述过程。短路过渡在小电流、低电压情况下发生,易达到稳定的金属熔滴过渡和稳定的焊接过程,适合于焊接薄板或堆焊。

2. 粗滴过渡

粗滴过渡的特征是当电弧电压比较高时,焊条端部的熔滴长大后不会接触熔池,焊接电路未短路,熔滴以较大颗粒进入熔池。增大电流密度会使熔滴变细,过渡频率增加。由于焊接过程中电弧电压与焊接电流波动较小,焊缝的横截面成扁豆状,焊丝末端呈圆形,焊条电弧焊时多为粗滴过渡。

3.1.3 焊接熔池与冶金特点

焊条电弧焊时,熔池和熔滴周围充满大量的气体,同时有熔渣覆盖。这些气体、熔渣与液体金属不断地进行一系列复杂的物理、化学反应,这种在高温时发生在熔滴过渡和熔池的焊接区内的各种物质相互作用的过程,称为焊接冶金。冶金反应的结果显著地影响着焊接质量,其冶金特点有以下几个方面。

1. 电弧温度高

焊条电弧焊碳钢材料时,随着焊接工艺参数不同,熔滴平均温度为 $1\ 800 \sim 2\ 400\ ℃$,且不均匀;熔滴过渡时,穿过温度高达 $4\ 500 \sim 7\ 800\ ℃$ 的弧柱区,极高温度能使液体金属强烈地蒸发,使气体分子(N_2、H_2、O_2 等)分解。分解后的气体原子或离子很容易溶解到液体金属中去,这就增加了金属凝固后产生气孔的可能性。而熔池被液态金属所包围,两者温差很大又使焊接结构常常产生内应力,以致引起变形或产生裂纹。

2. 熔池体积小,熔池金属不断更新

焊条电弧焊时,熔池体积平均只有 $2 \sim 10\ cm^3$,同时,加热及冷却速度很快,从局部金属开始熔化并形成熔池到结晶完毕的整个过程,一般只有几秒钟,而温度又在不断变化,因此整个冶金反应过程达不到平衡。化学成分在很小的金属体积内有较大的不均匀性,易形成偏析。随着焊接熔池的不断移动,新的铁水和熔渣加入到熔池中参加冶金反应,增加了冶金反应的难度。

3. 熔滴金属与气体、熔渣接触面积大

虽然熔滴尺寸很小,但熔滴比表面积极大,约比炼钢时大 $1\ 000$ 倍。比表面积大可以加速冶金反应的进行,但同时气体侵入液体金属的机会也增多,因而使焊缝金属发生氧化、氮化以及产生气孔的可能性增大。

3.1.4 熔化金属与气体的相互作用

1. 气体的来源

焊接熔池周围充满了大量的气体,其主要成分有 H_2、O_2、N_2、CO、CO_2、水蒸气和金属蒸气等,它们的来源有:热源周围的气体介质(如空气);焊条药皮内的水分;母材金属和焊条金属由于冶炼过程而残留的气体;焊件表面存在的各种杂质(如油、漆、锈),焊接时会产生大量的气体;在电弧的高温下,金属和药皮发生强烈的蒸发现象,放出气体。

由此可见,焊接过程中气体的数量、种类是相当多的,并且随焊接方法、焊条种类及焊接工艺参数的不同而不同。这些气体残留在熔池中,对焊缝质量均有不同的影响。

2. 熔化金属与气体的相互作用

（1）金属的氧化及其影响

焊条电弧焊钢铁时，由于电弧高温，氧由分子状态分解为原子状态，并能使铁激烈氧化生成氧化铁，还会使其他元素氧化生成氧化锰、氧化硅等。其中氧化铁能溶于钢液中，又使钢中其他元素进一步氧化，生成一氧化碳和二氧化碳气体。

由于氧化的结果，使焊缝中有益元素大量烧损，氧化的产物在焊缝中无论是以夹杂物的形式存在，还是以固熔的形式存在，都对金属的力学性能有不良影响，使金属的强度极限、屈服极限、冲击韧性和硬度都有显著降低，此外还使钢的耐腐蚀性降低。钢中存在过量的氧，加热时晶粒有长大的趋势。

以上事实表明，氧在焊缝中的害处很多，为了得到可靠的焊接质量，焊前清除焊件边缘和坡口表面的铁锈，合理使用焊条是每个焊接工作者必须要做的工作。

（2）金属的氮化及其影响

焊接区周围的空气是氮的主要来源，氮在焊接电弧高温中分解，在电弧空间与氧发生反应，生成氧化物（NO_2），并且吸附在金属熔滴表面或溶入熔滴中，NO_2 由固体中析出，分解为原子态的氧和氮。原子氮可以与铁生成氮化物（Fe_2N）夹杂于金属之中，使钢的硬度增加，塑性下降。高温时，液体金属可以熔解大量的氮，而在熔池开始凝固时，氮从金属中析出并形成气泡。这些气泡要向外逸出，当熔池金属的结晶速度大于气泡的逸出速度时，气泡残留在焊缝中形成气孔。

由上述可知，氮对金属的力学性能影响很大，随着含氮量增加，强度极限和屈服极限上升，延伸率和断面收缩率下降。焊接时必须使焊接熔池里含氮量减少，但是脱氮并不容易，最好的方法是加强保护，如使用优质焊条，采用短弧焊接，把焊接区和空气有效地隔离等。

（3）氢对焊缝金属的影响

焊接区的氢主要来自药皮中的水分和有机物，焊件表面的结晶水，以及油脂、油漆等。焊接时，高温下氢激烈分解成氢原子，并以原子状态溶解于金属中。氢在钢中的溶解度与温度以及铁的同素异晶体有关，还与氢的压力有关。在冷却时，焊缝中氢的溶解度急剧下降，而形成分子氢，它不溶解于金属，当冷却速度较快来不及逸出时，就会形成气孔。

焊接碳钢和低合金钢时，大量的氢溶入熔池，如果焊件承受较大的拉应力而断裂，那么断裂面上就会出现光亮圆形的白点，这是氢使钢材发生氢脆，导致焊缝塑性和韧性明显降低。

焊接合金钢时，氢是产生延迟裂纹的一个重要原因。延迟裂纹是当焊缝冷却至200 ℃以下时，相隔一段时间（甚至几个月），在焊缝与母材的交界处产生的一种冷裂纹。

如上所述，防止氢危害的主要措施是焊前清除焊件表面、坡口的油和锈，烘干焊条，对重要焊件焊前进行加热保温，进行去氢处理，选用低氢焊条和直流反接等。

3. 防止气体侵入焊缝金属的措施

① 焊前清理。焊前清理是降低焊缝含氢量及防止过多氧化物进入焊缝的有效措施。

② 焊接工艺措施。电弧气氛中的氮主要来自空气,因此应加强保护,防止空气侵入。

③ 冶金措施。借助焊芯和药皮向液态金属加入某些合金元素或化合物,利用冶金反应去除焊缝金属中的有害气体。

④ 焊后处理。焊后将焊件加热到 350 ℃ 以上,保温 1 ~ 2 h,可将焊缝中的扩散氢几乎全部消除。

3.1.5　熔渣的作用

焊条电弧焊时,由于使用厚药皮焊条,焊缝能获得较高的质量,熔渣起到主要作用。

1. 机械保护作用

焊接时,熔渣总是覆盖在熔滴和熔池金属表面,从而使熔化金属与周围空气隔绝,并使焊缝金属的结晶处于缓慢冷却的条件下,这样不仅隔绝了气体侵入焊缝,同时还改善了焊缝的结晶和形成。

2. 稳定电弧作用

在焊条药皮中加入稳弧剂,用来提高电弧燃烧的稳定性。一般稳弧剂多采用碱金属或碱土金属(钾、钠、钙)的化合物、石灰石、碳酸钠、水玻璃、花岗石、长石等。

3. 脱氧作用

焊缝金属的脱氧是将脱氧剂加在焊条药皮中,焊接时脱氧剂熔化在熔渣里,通过溶渣和熔化金属进行一系列的脱氧冶金反应,从而实现焊缝金属的脱氧。目前常用的脱氧剂有 Mn、Si、Ti、Al 等。

4. 脱硫作用

硫是钢中有害杂质之一,在钢材和焊芯中都要加以限制。但在焊条药皮中的某些物质常含有硫,硫在钢中以 FeS 和 MnS 形式存在。FeS 可溶解于液体铁中,当熔池结晶时,FeS 因溶解度降低而析出,并与 $\alpha - Fe$、FeO 在晶界形成塑性很低的低熔点共晶,当焊缝冷却收缩时,作用在焊缝上的应力将引起热裂纹。MnS 在液体铁中溶解度极小,所以容易排除进入熔渣,对钢的力学性能影响不大。目前常用冶金方法脱硫,所用脱硫剂是 Mn。

5. 掺合金

掺合金的目的首先是补偿焊接过程中由于蒸发、氧化等原因所造成的合金元素的损失;其次是改善焊缝金属的组织和工艺性能,消除工艺缺陷。焊条电弧焊时,向焊缝金属掺合金的方式有两种:一是通过焊芯(利用合金钢焊芯);二是通过焊条药皮(将合金加在药皮里)。两种方式可同时采用。采用合金焊芯,外面涂以碱性熔渣的药皮,效果和可靠性都比较好。通过焊条药皮来实现掺合金方式,在生产上应用很广泛。通常采用低碳钢或低合金钢焊芯,然后在焊条药皮中加入合金剂,如锰铁、硅铁、铬铁、镍铁等,从而达到焊缝金属合金化的目的。

3.1.6 焊条电弧焊的特点

1. 焊条电弧焊的优点

① 使用的设备比较简单,价格相对便宜并且轻便。焊条电弧焊使用的交流和直流焊机都比较简单,焊接操作时不需要复杂的辅助设备,只需配备简单的辅助工具。因此,购置设备的投资少,而且维护方便,这是它被广泛应用的原因之一。

② 不需要辅助气体防护。焊条不但能提供填充金属,而且在焊接过程中能够产生保护熔池和焊接处避免氧化的保护气体,并且具有较强的抗风能力。

③ 操作灵活,适应性强。焊条电弧焊适用于焊接单件或小批量的产品,短的和不规则的、空间任意位置的以及其他不易实现机械化焊接的焊缝。凡焊条能够达到的地方都能进行焊接。

④ 应用范围广,适用于大多数工业用的金属和合金的焊接。焊条电弧焊选用合适的焊条不仅可以焊接碳素钢、低合金钢,而且还可以焊接高合金钢及有色金属,不仅可以焊接同种金属,而且可以焊接异种金属,还可以进行铸铁焊补和各种金属材料的堆焊等。

2. 焊条电弧焊的缺点

① 对焊工操作技术要求高,焊工培训费用大。焊条电弧焊的焊接质量,除靠选用合适的焊条、焊接工艺参数和焊接设备外,主要靠焊工的操作技术和经验保证,即焊条电弧焊的焊接质量在一定程度上决定于焊工操作技术。因此必须经常进行焊工培训,所需要的培训费用很大。

② 劳动条件差。焊条电弧焊主要靠焊工的手工操作和眼睛观察完成全过程,焊工的劳动强度大,并且始终处于高温烘烤和有毒的烟尘环境中,劳动条件比较差,因此要加强劳动保护。

③ 生产效率低。焊条电弧焊主要靠手工操作,并且焊接工艺参数选择范围较小,另外,焊接时要经常更换焊条,并要经常进行焊道熔渣的清理,与自动焊相比,焊接生产率低。

④ 不适于特殊金属以及薄板的焊接。对于活泼金属(如 Ti、Nb、Zr 等)和难熔金属(如 Ta、Mo 等),由于这些金属对氧的污染非常敏感,焊条的保护效果不够好,焊接质量达不到要求,所以不能采用焊条电弧焊;对于低熔点金属如 Pb、Sn、Zn 及其合金等,由于电弧的温度对其来讲太高,所以也不能采用焊条电弧焊焊接。另外,焊条电弧焊的焊接工件厚度一般在 1.5 mm 以上,1 mm 以下的薄板不适于焊条电弧焊。

由于焊条电弧焊具有设备简单、操作方便、适应性强,能在空间任意位置焊接的特点,所以被广泛用于各个工业领域,是应用最广泛的焊接方法之一。

3.2 焊条电弧焊设备

3.2.1 基本焊接电路

焊条电弧焊的基本电路由交流或直流弧焊电源、焊钳、电缆、焊条、电弧、工件及地线等组成,如图3.2所示。

用直流电源焊接时,工件和焊条与电源输出端正、负极的接法,称为极性。工件接直流电源正极,焊条接负极时,称为正接或正极性;工件接负极,焊条接正极时,称为反接或反极性。无论采用正接还是反接,主要从电弧稳定燃烧的条件来考虑。不同类型的焊条要求不同的接法,一般在焊条说明书上都有规定。用交流弧焊电源焊接时,极性在不断变化,所以不用考虑极性接法。

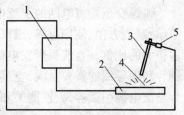

图3.2 焊条电弧焊电路
1—电源;2—工件;3—焊条;
4—电弧;5—焊钳

3.2.2 对焊条电弧焊设备的要求

1.具有适当的空载电压

空载电压就是在焊接前测得的焊机两个输出端的电压。空载电压越高,越容易引燃电弧和维持电弧的稳定燃烧,但是过高的电压不利于焊工的安全。所以一般将焊机的空载电压限制在90 V以下。

2.具有陡降的外特性

具有陡降的外特性,这是对焊条电弧焊机重要的要求,它不但能保证电弧稳定燃烧,而且能保证短路时不会因产生过大电流而将电焊机烧毁。一般电焊机的短路电流不超过焊接电流的1.5倍。

3.具有良好的动特性

在焊接过程中,经常会发生焊接回路的短路情况。焊机的端电压,以短路时的零值恢复到工作值(引弧电压)的时间间隔不应过长,一般不大于0.05 s。使用动特性良好的电焊机焊接,容易引弧,且焊接过程中电弧长度变化时也不容易熄弧,飞溅也少,施焊者明显感到焊接过程很平静,电弧很柔软。使用动特性不好的电焊机焊接,情况恰恰相反。

4.具有良好的调节电流特性

焊接前,一般根据焊件的材料、厚度、施焊位置和焊接方法来确定焊接电流。从使用角度,要求调节电流的范围越宽越好,并且能够灵活、均匀地调节,以保证焊接的质量。

5.焊机结构简单、使用可靠、耗能少、维护方便

焊机的各部分连接牢靠,没有大的振动和噪声,能在焊机温升允许的条件下连续工作,同时还应保证使用安全,不致引起触电事故。

3.2.3 电源种类与比较

焊条电弧焊采用的焊接电流既可以是交流也可以是直流,所有焊条电弧焊电源既有交流电源也有直流电源。目前,我国焊条电弧焊电源有三大类:交流弧焊变压器、直流弧焊发电机和弧焊整流器(包括逆变弧焊电源),前一种属于交流电源,后两种属于直流电源。

弧焊变压器将电网的交流电变成适宜于弧焊的交流电,其与直流电源相比,具有结构简单、制造方便、使用可靠、维修容易、效率高和成本低等优点,在目前国内焊接生产中仍占很大的比例。直流弧焊发电机虽然稳弧性好,经久耐用,电网电压波动的影响小,但硅钢片和铜导线的需要量大,空载损耗大,结构复杂成本高,已被列入淘汰产品。晶闸管弧焊整流电源引弧容易,性能柔和,电弧稳定,飞溅少,是理想的更新换代产品。

3.2.4 电源的选择

焊条电弧焊要求电源具有陡降的外特性、良好的动特性和适合的电流调节范围。选择焊条电弧焊电源应主要考虑的因素有:所要求的焊接电流的种类;所要求的电流范围;弧焊电源的功率;工作条件和节能要求等。

电流的种类有交流、直流或交直流两用三种,主要是根据所使用的焊条类型和所要求焊接的焊缝形式进行选择。低氢钠型焊条必须选用直流弧焊电源,以保证电弧稳定燃烧。酸性焊条虽然交、直流均可使用,但一般选用结构简单且价格较低的交流弧焊电源。

其次,根据焊接产品所需的焊接电流范围和实际负载持续率来选择弧焊电源的容量,即弧焊电源的额定电流。额定电流是在额定负载持续率条件下允许使用的最大焊接电流,焊接过程中使用的焊接电流如果超过这个额定焊接电流值,就要考虑更换额定电流值大一些的弧焊电源或者降低弧焊电源的负载持续率。

3.2.5 选择焊条电弧焊焊机的方法

目前使用的焊条电弧焊焊机按照输出的电流性质不同,可分为直流焊机和交流焊机两大类;按照结构不同,又可分为弧焊变压器、弧焊发电机和弧焊整流器三种类型,见表3.1。

表3.1 焊条电弧焊电源类型及特点

项目	弧焊变压器	弧焊发电机	弧焊整流器
焊接电流种类	交流	直流	直流
电弧稳定性	较差	好	好
极性可换性	无	有	有
磁偏吹	很小	较大	较大
构造与维护	简单	复杂	较简单
噪音	小	大	小
供电	一般为单相	三相	一般为三相
功率因数	低	高	—
空载损耗	小	较大	较小
成本	较低	高	较高
重量	轻	较重	较轻
适用范围	一般焊接结构	一般或重要焊接结构	一般或重要焊接结构
代表型号	BX – 500、BX3 – 300 BX1 – 330	AX1 – 500	ZXG – 300、ZPG6 – 1000

3.2.6 常用工具和辅具

焊条电弧焊常用工具和辅具有焊钳、焊接电缆、面罩、防护服、敲渣锤、钢丝刷和焊条保温筒。

1．焊钳

焊钳是用以夹持焊条进行焊接的工具,主要作用是使焊工夹住和控制焊条,同时也起着从焊接电缆向焊条传导焊接电流的作用。焊钳应具有良好的导电性、不易发热、重量轻、夹持焊条牢固及装换焊条方便等特性。

2．焊接电缆

利用焊接电缆将焊钳和接地夹钳接到电源上,焊接电缆是焊接回路的一部分,除要求具有足够的导电截面以免过热而引起导线绝缘破坏外,还必须耐磨和耐擦伤,应柔软易弯曲,具有最大的扰度,以便焊工容易操作,减轻劳动强度。

3．面罩及护目玻璃

面罩及护目玻璃是为防止焊接时的飞溅物、强烈弧光及其他辐射对焊工面部及颈部灼伤的一种遮蔽工具,有手持式和头盔式两种。护目玻璃安装在面罩正面,用来减弱弧光强度,吸收由电弧发射的红外线、紫外线和大多数可见光线。焊接时,焊工通过护目玻璃观察熔池情况,正确掌握和控制焊接过程,避免眼睛受弧光灼伤。

4．焊条保温筒

焊条保温筒是焊工焊接操作现场必备的辅具,携带方便。将已烘干的焊条放在保温筒内供现场使用,起到防粘泥土、防潮、防雨淋等作用,能够避免焊接过程中焊条药皮的含水率上升。

5．防护服

为了防止焊接时触电及被弧光和金属飞溅物灼伤,焊工焊接时必须戴皮革手套、工作帽,穿好白帆布工作服、脚盖、绝缘鞋等。焊工在敲渣时,应戴有平光眼镜。

6．其他辅具

焊接中的清理工作很重要,必须清除掉工件和前层熔敷的焊缝金属表面上的油垢、熔渣和对焊接有害的任何其他杂质。为此,焊工应备有角向磨光机、钢丝刷、清渣锤、扁铲和锉刀等辅具。另外,在排烟情况不好的场所焊接作业时,应配有电焊烟雾吸尘器或排风扇等辅助器具。

3.3　焊条电弧焊工艺

3.3.1 焊接工艺参数的确定

为了保证焊接质量而选定的焊接电流、电弧电压、焊接速度、焊条直径等物理量,称为焊条电弧焊的焊接工艺参数。其中最主要的是焊条直径和焊接电流,至于电弧电压和焊接速度在焊条电弧焊中一般不作具体规定,由焊工根据具体情况灵活掌握。

1. 焊条直径

焊条直径大小的选择与焊件厚度、焊接位置、焊道层次等因素有关。

厚度较大的焊件应选用直径较大的焊条,一般情况下,焊条直径与焊件厚度之间的关系见表3.2。

表3.2 焊条直径与焊件厚度的关系

焊件厚度/mm	≤ 1.5	2	3	4 ~ 5	6 ~ 12	≥ 12
焊条直径/mm	1.6	2	3.2	3.2 ~ 4	4 ~ 5	4 ~ 6

对于焊接位置,平焊时采用焊条直径应比其他位置时大一些,立焊时焊条的最大直径不超过5 mm,而仰焊、横焊时焊条的最大直径不超过4 mm,这样可以形成较小的熔池,以减少熔化金属液的下淌。

在进行多层焊时,为了保证根部焊透,第一层焊道应采用直径较小的焊条,以后各层可根据焊件厚度选用直径较大的焊条。

2. 焊接电流

增大焊接电流能提高生产率,但电流过大易产生焊缝咬边、烧穿等缺陷,同时金属组织也会因过热而发生变化;反之,电流过小会产生夹渣、未焊透等缺陷,降低焊接接头的力学性能,所以应选择合适的焊接电流。焊接时,电流强度与焊条类型、焊条直径、焊件厚度、接头形式、焊接位置和焊道层次等因素有关,其中最主要是焊条直径和焊接位置。

焊接电流与焊条直径的关系是,当焊件厚度较小时,焊条直径要选小些,焊接电流也相应小些;反之,则应选择大的焊条直径,电流强度也要相应增大。低碳钢平焊时的焊接电流与焊条直径的关系见表3.3。

表3.3 焊条直径与焊接电流的关系

焊条直径/mm	2	2.5	3.2	4	5	6
焊接电流/A	40 ~ 70	50 ~ 80	90 ~ 130	140 ~ 210	220 ~ 270	270 ~ 320

焊接电流与焊接位置的关系是,平焊时,由于运条和控制熔池中的熔化金属比较容易,因此可以选择较大的焊接电流。但在其他位置焊接时,为了避免熔池金属液下淌,应适当减小焊接电流。在焊件厚度、接头形式、焊条直径相同的情况下,立焊时的焊接电流比平焊时小10% ~ 15%,而仰焊时要比平焊减小10% ~ 20%。当使用碱性焊条时,焊接电流要比使用酸性焊条小10%。

焊接时,可从飞溅大小、焊缝成形好坏和焊条熔化状况等方面来判断选用电流是否合适。

3.3.2 常见接头及焊接位置的焊接工艺

1. 平对接焊

平对接焊是在平焊位置上焊接对接接头的一种操作方法。

(1)不开坡口的平对接焊

该平对接焊适用于厚度为3 ~ 6 mm钢板的装配及定位焊。焊件装配应保证两板对接处齐平,间隙均匀。定位焊缝长度和间距与焊件厚度有关,见表3.4。

表 3.4 平板对接接头定位焊缝要求

焊件厚度 /mm	定位焊缝尺寸 /mm	
	长度	间距
< 4	5 ~ 10	5 ~ 100
4 ~ 12	10 ~ 12	100 ~ 200
> 12	15 ~ 30	100 ~ 300

为保证定位焊缝的质量,应注意定位焊一般都作为以后正式焊缝的一部分,所用焊条应与以后正式焊接时相同;为防止未焊透等缺陷,定位焊时电流应比正式焊时大10% ~15%;定位焊的余高不应过高,定位焊缝的两端应与母材平缓过渡,以防止正式焊时产生未焊透等缺陷;如定位焊缝开裂,必须将裂纹处的焊缝铲除后重新定位焊。在定位之后,如出现接口不平齐,应进行校正,然后才能正式焊接。

焊缝起头处的质量一般难以保证,因为焊件未焊之前温度较低,而引弧后又不能迅速使焊件温度升高,所以起点部分的熔深较浅,对焊条来说在引弧后的 2 s 内,由于焊条药皮未形成大量的保护气体,最先熔化的熔滴几乎是在保护气氛的情况下过渡到熔池中去的。这种保护不好的熔滴中有不少气体,如果这些熔滴在施焊中得到二次熔化,其内部气体就会残留在焊道中而形成气孔。

为了解决熔深太浅的问题,可在引弧后先将电弧稍微拉长,使电弧对端头有预热作用,然后适当缩短电弧进行正式焊接。

为了减少气孔,可将前几滴熔滴甩掉。操作时采用跳弧焊,即电弧有规律地瞬间离开熔池,把熔滴甩掉,但焊接电弧并未中断。另一种方法是采用引弧板,即在焊前装配一块金属板,从这块板上开始引弧,然后割掉。采用引弧板,不但保证了起头处焊缝质量,也能使焊接接头始端获得正常尺寸的焊缝,常在焊接重要结构时应用。

焊缝的连接一般如图 3.3 所示的几种形式,其中图 3.3(a) 的接头方法使用最多。接头方法是在先焊焊道弧坑稍前处(约 10 mm) 引弧。电弧长度比正常焊接略微长些(碱性焊条不可加长,否则易产生气孔),然后将电弧移至原弧坑的 2/3 处,填满弧坑后,即向前进入正常焊接。如果电弧后移太多,则可能造成接头过高;后移太少,将造成接头脱节,产生弧坑未填满的缺陷。焊接接头时,更换焊条的动作越快越好,因为在熔池尚未冷却时进行接头,不仅能保证质量,而且焊道外表面成形美观。

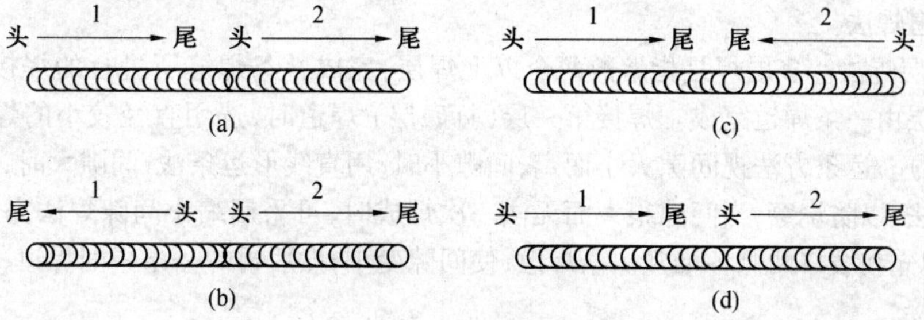

图 3.3 焊缝接头形式

　　焊缝的收尾动作不仅是熄弧，还要填满弧坑，一般分划圈、反复断弧、回焊收尾法三种。要注意的是采用回焊收尾法时，焊条移至焊道收尾处即停止，但未熄弧，此时适当改变焊条角度，由原约正 75° 变为约负 75°，待填满弧坑后慢慢拉断电弧。碱性焊条应采用此法。

　　焊接时首先进行正面焊接，选好焊条直径（3.2 mm）及焊接电流（90 ~ 120 A），直线形运条，短弧焊接，焊条角度与焊接方向成 65° ~ 80° 夹角。为了获得较大的熔深和宽度，运条速度可慢些，使熔深达到板厚的 2/3，焊缝宽度应为 5 ~ 8 mm，余高小于 1.5 mm。

　　操作中如发现熔渣与铁水混合不清，即可把电弧稍拉长一些，同时将焊条向焊接方向倾斜，并向熔池后面推进熔渣，这样熔渣被推到熔池后面，减少了焊接缺陷，维持焊接的正常进行。

　　在正面焊完之后，接着进行反面封底焊。封底焊之前，应消除焊接的熔渣。当用直径 3.2 mm 的焊条焊接时，电流可稍大些，运条速度快些，以熔透为原则。

　　当选用直流焊机时，要消除磁偏吹对焊接质量的影响。磁偏吹是指电弧焊时，因受到焊接回路所产生的电磁作用而产生的电弧偏吹。产生磁偏吹的原因之一是由于接线（连接焊件的电缆线）的位置不正确。因此，只要改变接地线的部分，使电弧周围的磁力线分布较均匀，就能克服磁偏吹。此外，在操作时，适当调整焊条角度，使焊条向偏吹一侧倾斜，或采用短弧焊接，都能有效地减少电弧磁偏吹。

　　当焊接薄板件时，最容易产生烧穿、焊缝成形不良、焊后变形等严重缺陷。操作时要做到装配间隙最大不超过 0.5 mm。剪切留下的毛边在装配时应锉修掉；两块钢板装配时的上下错边间隙不应超过板厚的 1/3。对于某些要求高的焊件，错边不应大于 0.2 mm，可采用夹具组装；采用直径较小的焊条进行焊接时，定位焊缝易短，近似点状，定位焊缝间距应小些，如果间隙稍大，间距更应减小。如焊接 1.5 ~ 2 mm 的钢板，用直径 2 mm 的焊条，60 ~ 90 A 电流进行定位焊，定位间距为 80 ~ 100 mm；焊接时，最好将焊件一头垫起，使其倾斜 15° ~ 20° 角进行下坡焊。这样可提高焊速和减小熔深，以防止烧穿和减小变形。由于薄板受热时易产生翘曲变形，焊后应进行校正，直至符合要求。

　　（2）开坡口的平对接焊

　　开坡口的平对接焊适用于厚度 6 mm 以上的钢板。

　　焊接较厚的钢板应开坡口，以保证根部焊透。一般开 V 形和 X 形坡口，采用多层焊法和多层多道焊法。

　　① 多层焊法。多层焊是指熔敷两个以上焊层，完成整条焊缝所进行的焊接，而且焊缝的每一层由一条焊道完成。焊接第一层（打底层）焊道时，选用直径较小的焊条（一般为 3.2 mm）。运条方法视间隙大小而定，间隙小时，用直线形运条法；间隙大时，用直线往复形运条法，以防烧穿；当间隙很大而无法一次焊成时，可采用缩小间隙焊法完成打底层的焊接，即先在坡口两侧各堆敷一条焊道，使间隙变小，然后再焊一条中间焊道，完成底层焊道的焊接。

　　在焊第二层时，应先将第一层熔渣清除干净，随后用直径较大的焊条（一般 4 ~ 5 mm）采用短弧，并增加焊条摆动。摆动方法一般有：锯齿形、月牙形、三角形、环形、8 字形。

由于第二层焊道并不宽,采用直线形或小锯齿形运条较合适。以后各层也可用锯齿形运条,但摆动范围应逐渐加宽,摆动到坡口两边时,应稍作停留,否则易产生熔合不良、夹渣等缺陷。注意每层焊道不应过厚,否则会使熔渣流向熔池前面,造成焊接困难。为保证各焊层质量和减小变形,各层之间的焊接方向应相反,其接头最小错开 20 mm。每焊完一层焊道都同样要把表面的熔渣和飞溅清除干净,才能焊下一层。

② 多层多道焊法。多层多道焊是指一条焊缝由三条或三条以上窄焊道依次施焊,并列组成一条完整的焊缝。其焊接方法与多层焊相似,每条焊道施焊时宜采用直线运条法,短弧焊接,操作技术不难掌握,每完成一条焊道,必须清渣一次。

有些焊接结构,不能进行双面焊,只能从接头一面焊接,而又要整个接头完全熔透,这种焊道称熔透焊道焊接法,一般指单面焊双面成形焊道。

对于较厚件(如 12 mm 厚的低碳钢板)的熔透焊道,一般开 V 形坡口,留钝边 1 ~ 1.5 mm,组装时留 3 ~ 4 mm 间隙。如若可能,在反面加紫铜垫板强制成形,效果更好。焊接时,选用直径为 3.2 mm 的 E4303(J422)焊条,用 100 ~ 120 A 的焊接电流进行打底层焊接。焊条运动较为特殊,常用间断熄弧法。它是通过掌握燃弧和熄弧时间及运条动作来控制熔池温度、熔池存在时间、熔池形状和焊层厚度,以获得良好的反面成形和内部质量。

操作时要达到焊件熔透的目的,需依靠电流的穿透能力来熔透坡口钝边,焊件每侧熔化 1 ~ 2 mm,并在熔池前沿形成一个略大于装配间隙的熔孔。熔池金属有一部分过渡到焊缝根部及焊缝背面,并与母材熔合良好,在熄弧瞬间形成一个焊波,当前一个焊波未完全凝固时,马上又引弧,重复上述熔透过程,如此往复,直至完成打底层焊接。注意不能单纯依靠熔化金属的渗透作用来形成背面焊缝,这样容易产生边缘未熔合,使坡口根部没有真正焊透。更换焊条动作要快,使焊道在炽热状态下连接,以保证连接处质量。其余各焊道均按多层焊或多层多道焊要求施焊。

2. 平角焊

平角焊包括角接接头、搭接接头平焊。

角焊缝各部位名称如图 3.4 所示。增大焊脚尺寸可增加接头的承载能力,一般焊脚尺寸随焊件厚度的增大而增加,见表 3.5。

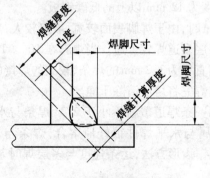

图 3.4　角焊缝

表 3.5 平角焊焊脚尺寸

焊件厚度 /mm	2 ~ 3	3 ~ 6	6 ~ 9	9 ~ 12	12 ~ 16	16 ~ 23
最小焊脚尺寸 /mm	2	3	4	5	6	8

角焊缝尺寸决定焊接层次与焊道数,一般当焊角尺寸在 8 mm 以下时,多采用单层焊;焊脚尺寸为 8 ~ 10 mm 时,采用多层焊;焊脚尺寸大于 10 mm 时,采用多层多道焊。

(1) 单层焊

单层焊适用于厚度为 8 mm 的低碳钢板。

焊脚尺寸较小时,进行单层焊,焊条直径根据焊件厚度不同可选择 3.2 mm 或 4 mm,焊接电流比相同条件下的平对接焊增大 10% 左右。操作时焊条位置应按焊件厚度不同来调节,若两焊件厚度不同,电弧偏向厚板,才能使两焊件温度均匀。对相同厚度的焊件,焊脚尺寸小于 5 mm 时,保持焊条角度与水平焊件成 45°,与焊接方向成 60° ~ 80° 的夹角。如果角度太小,则会造成根部熔深不足;角度过大,熔渣容易跑到熔池前面而形成夹渣。运条时采用直线形,短弧焊接。对焊脚尺寸为 5 ~ 8 mm 的焊缝,可采用斜圆圈形或锯齿形运条方法,但运条必须有规律,否则容易产生咬边、夹渣、边缘熔合不良等缺陷。

斜圆圈形运条方法为:在水平焊件平行移动时要慢速,以保证水平焊件熔深;由水平焊件向上运条时稍快,以防熔化金属下淌;在最高点稍作停留,以保证垂直焊件的熔深,避免咬边;向下时稍慢,以保证根部焊透和水平焊件的熔深,防止夹渣;如此反复,同时注意收尾时填满弧坑,就能获得良好的焊接质量。

(2) 多层焊

多层焊适用于厚度为 12 mm 的低碳钢板。

当焊脚尺寸为 8 ~ 10 mm 时,宜采用两层两道焊法。焊第一层时,采用直径 3.2 mm 的焊条,焊接电流稍大(100 ~ 120 A),以获得较大的熔深。运条时采用直线形,收尾时要把弧坑填满或略高些,这样在第二层收尾时,不会因焊缝温度增高而产生弧坑过低现象。焊第二层之前,必须将第一层的熔渣清除干净,如发现夹渣,应用小直径焊条修补后方可焊第二层,这样才能保证层与层之间的紧密结合。在焊第二层采用斜圆圈形或锯齿形时,如发现第一层焊道有咬边,则应适当多停留一些时间,以消除咬边缺陷。

(3) 多层多道焊

多层多道焊适用于厚度为 12 mm 以上的低碳钢板。

当焊脚尺寸大于 10 mm 时,由于焊脚表面较宽,坡口较大,熔化金属容易下淌,给操作带来一定困难,所以采用多层多道焊较合适。当焊脚在 10 ~ 12 mm 时,一般用二层三道焊。焊第一道焊缝时,可用直径为 3.2 mm 的焊条、较大的焊接电流和直线形运条方式,收尾时要特别注意填满弧坑,焊完将熔渣清除干净。

焊第二条焊道时,对第一条焊道覆盖不小于 2/3,焊条与水平焊件的角度要稍大些,为 45° ~ 55°,以使熔池金属与水平焊件很好地熔合,焊条与焊接方向夹角仍为 65° ~ 80°。运条时用斜圆圈形或锯齿形方法,运条速度与多层焊时基本相同,所不同的是在最高点时不需停留。

焊接第三条焊道时,对第二条焊道的覆盖应达到 1/3 ~ 2/3,焊条与水平焊件的角度为40°~45°;角度太大易产生焊脚下偏现象。运条仍用直线形,速度保持均匀,但不宜太慢,因为太慢易产生焊瘤,使整个焊缝形状不美观。

在焊接第三道时,若发现第二条焊道覆盖第一条焊道大于2/3,则可采用直线往复形运条,以免第三条焊道过高。如果第二道覆盖太少,则可采用斜圆圈运条法,运条时在垂直焊件处要稍作停留,以防止咬边,这样就能弥补由于第二道覆盖过少而产生的焊脚下偏现象。

如果焊脚尺寸大于12 mm,可采用三层六道或四层十道来完成焊接。操作仍按上述方法进行,但这样的平角焊缝只适用于承受较小静载荷的焊件。对于承受重载荷或动载荷的较厚钢板,平角焊时应开坡口。开坡口焊接方法同多层多道焊接法,但要保证焊缝根部焊透。

（4）船形焊

为了克服平角焊时易产生咬边和焊脚不均匀的缺陷,在实际生产中,往往将焊件旋转成为图3.5所示位置,这种位置的焊接称为船形焊。

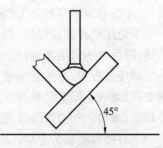

图3.5 船形焊示意图

这样可采用平对接焊的操作方法,有利于选用大直径的焊条和较大的焊接电流。运条时可采用月牙形或锯齿形方法。焊接第一层仍用小直径焊条及稍大的焊接电流;其他各层与开坡口的平对接焊操作相似。所以船形焊不但能获得较大的熔深,而且一次焊成的焊脚尺寸最大可达10 mm以上,与平角焊相比不仅生产率提高了,而且比较容易地获得平整美观的焊缝,因此,如有条件应尽量用船形焊。

平角焊后,焊脚断面形状应符合图中3.6(c)的要求,因为这种形状是圆滑过渡,应力集中最小,可提高焊件的承载力。当对焊后角变形有严格要求时,焊前需预留一定的变形量,可采用反变形法,使焊后焊件变形最小;也可在定位焊时,用圆钢、角钢等进行固定,待焊件全部焊完后再去掉。

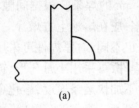 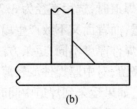 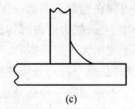

（a） （b） （c）

图3.6 平角焊焊脚形状

3. 立对接焊

立对接焊是指对接接头处于立焊位置的操作,生产中经常由下向上施焊。

（1）不开坡口的立对接焊

薄板焊接采用向上立焊时,为防止熔化金属因重力作用而向下淌,焊接时需采取一些措施,如采用小直径的焊条(直径4 mm以下),使用较小的焊接电流(比平对焊小10%~15%),使熔池体积小,冷却快;采用短弧焊接,弧长不大于焊条直径,利用电弧吹力托住铁水;焊接时,焊条应处于通过两焊件接口而垂直于焊件的平面内,并与焊件成60° ~ 80°夹角。这样的电弧吹力对熔池有向上的推力,有利于熔滴过渡并托住熔池。

为了防止烧穿,除采取上述措施外,还可以采用跳弧法和灭弧法。跳弧法是指当熔滴脱离焊条末端过渡到熔池后,立即将电弧向焊接方向提起,这时为不使空气侵入,其长度不应超过6 mm,目的是让熔池金属迅速冷却凝固,形成一个台阶,当熔池缩小到焊条直径1 ~ 1.5 倍时,再将电弧(或重新引弧)移到台阶上面,在台阶上形成一个新熔池,如此不断地重复熔化 - 冷却 - 凝固 - 再熔化的过程,应能由下向上形成一条焊缝。灭弧法是指当熔滴从焊条末端过渡到熔池后,立即将电弧熄灭,使熔化金属有瞬时凝固的机会,随后重新在弧坑引燃电弧,灭弧时间在开始时可以短些,随着焊接时间的延长,灭弧时间也要增加,才能避免烧穿和产生焊瘤。

不论用哪种方法焊接,起头时,当电弧引燃后,都应将电弧稍微拉长,对焊缝端头稍有预热,随后再压低电弧进行正常焊接。

焊接过程中,要注意熔池形状,如发现椭圆形熔池下部边缘由比较平直的轮廓逐渐凸起变圆形,表示温度已稍高或过高,应立即灭弧,让熔池降温,避免产生焊瘤,待熔池瞬时冷却后,在熔池外引弧继续焊接。

立对接焊的接头施焊比较困难,容易产生夹渣和造成焊缝凸起过高等缺陷,因此,更换焊条要迅速,可采用热焊法。在接头时,往往有铁水拉不开或熔渣、铁水混在一起的现象,这主要是由于更换焊条所用的时间太长,引弧后预热不够及焊条角度不正确等引起的。出现这种现象时,必须将电弧稍微拉长一些,并适当延长在接头处的停留时间,同时将焊条角度增大(与焊缝成90°),这样熔渣就会自然滚落下去。

(2) 开坡口的立对焊接

由于焊件较厚,多采用多层焊,层次多少要根据焊件厚度来确定,并注意每一层焊道的成形。如果焊道不平整,中间高两侧很低,甚至形成尖角,则不仅给清渣带来困难,而且会因成形不良而造成夹渣、未焊透等缺陷。操作时要注意打底层和表面层焊道的焊接。打底层焊道即在施焊正面第一层焊道时,选用直径为3.2 mm的焊条。根据间隙大小,灵活运用操作手法,如为使根部焊透,而背面又不致产生塌陷,应在熔池上方熔穿一个小孔,其直径等于或稍大于焊条直径。焊件厚度不同,运条方法也不同,对厚焊件可采用小三角形运条方法,在每个转角处应作停留;对中厚焊件或较薄焊件,可采用小月牙形、锯齿形或跳弧焊法。不论用哪一种运条法,如果运条到焊道中间时不加快运条速度,熔化金属就会下淌,使焊道外观不良。当中间运条过慢而造成金属液下淌后,形成凸形焊道,导致施焊下一层焊道时产生未焊透和夹渣等缺陷。

表面层焊道焊接时,首先要注意靠近表面层的前一层焊道的焊接质量。一方面要使各层焊道凹凸不平的成形在这一层得到调整,为焊好表面层打好基础;另一方面这层焊缝一般应低于焊件表面1 mm左右,而且焊道中间略有些凹,以保证表面层焊缝成形美观。运条方法可根据对焊缝余高的不同要求加以选择,如果要求余高稍大时,焊条可作月牙形摆动;如果要求稍平时,焊条可作锯齿形摆动。运条速度要均匀,摆动要有规律。运条到两端边时,应将电弧进一步缩短并稍作停留,这样才能有利于熔滴的过渡和防止咬边;在中间运条时,应稍快些,以防止产生焊瘤。有时表面焊缝也可采用较大电流,在运条时采用短弧,使焊条末端紧靠熔池快速摆动,并在坡口边缘稍作停留,这样表层焊缝不仅较薄,而且焊波较细,平整美观。

4. 立角焊

立角焊是指 T 字接头焊件处于立焊位置时的焊接操作。

立角焊与立对接焊的操作有许多相似之处,如用小直径焊条和短弧焊接等。但还应注意采取一些措施,例如,在与立对接焊相同的条件下,焊接电流可稍大些,以保证焊透;在焊件厚度相同时,焊条与两焊件的夹角应左右相等,而焊条与焊缝中心线的夹角保持在75° ~ 90°,以使两焊件均匀受热,保证熔深;在施焊过程中控制好熔化金属,当引弧后出现第一个熔池时,电弧应较快地抬高,当看到熔池瞬间冷却成一个暗红点时,将电弧下降到弧坑处,并使熔滴下落时与前面熔池重叠 2/3,然后电弧再抬高,这样有节奏地形成立角焊缝。如果焊条放置的位置不正确,会使焊波脱节,影响焊缝美观和焊接质量;焊条摆动要根据不同板厚和焊脚尺寸的要求选择。对焊脚尺寸较小的焊缝,可采取直线往复运条方法,焊脚尺寸要求较大时,可采用月牙形、三角形、锯齿形运条方法。为了避免出现咬边等缺陷,除选用合适的电流外,焊条在焊缝两侧应稍停留片刻,使熔化金属能填满焊缝两侧边缘部分。焊条摆动宽度应不大于所要求的焊脚尺寸。

5. 横焊

横焊是指焊件处于垂直而接口处于水平方位的一种焊接操作。

（1）不开坡口的横焊操作

当焊件厚度小于5 mm时,一般不开坡口,可采取双面焊接。操作时,左手或左臂可以有依托,右手或右臂的动作与平对接焊操作相似。焊接时宜用直径为 3.2 mm 的焊条,并向下倾斜,与水平面成 15° 左右的夹角,使电弧吹力托住熔化金属,防止下淌;同时焊条向焊接方向倾斜,与焊缝成 70° 左右的夹角。选择焊接电流时可比平对接焊小 10% ~ 15%,否则会使熔化温度增高,金属片在液体状态时间长,容易下淌形成焊瘤。操作时要特别注意,如焊渣超前时,要用焊条前沿轻轻地拨掉,否则熔滴也会随之下淌。

当焊件较薄时,可作往复直线形运条,这样可借焊条向前移的机会,使熔池得到冷却,防止烧穿和下淌。

当焊件较厚时,可采用短弧直线形或小斜圆圈形运条。斜圆圈的斜度与焊缝中心约成45°,以得到合适的熔深。但运条速度应稍快些,且要均匀,避免焊条熔滴金属过多地集中在某一点上,而形成焊瘤和咬边。

（2）开坡口的横焊操作

当焊件较厚时,一般可开 V 形、U 形、双 V 形或 K 形坡口。横焊时的坡口特点是下面焊件不开坡口或坡口角度小于上面的焊件,这样有助于避免熔池金属下淌,有利于焊缝成形。对于开坡口的焊件,可采用多层焊或多层多道焊。焊接第一焊道时,应选用直径为3.2 mm 的焊条,运条方法可根据接头间隙大小来选择。间隙较大时宜用直线往复形运条;间隙小时可采用直线形运条。焊接第二焊道用直径为3.2 mm 或4 mm焊条,采用斜圆圈形运条。

施焊过程中,应保持较短的电弧和均匀的焊接速度。为了更好地防止焊缝出现咬边和下边熔池金属下淌现象,每个斜圆圈形与焊缝中心的斜度不得大于45°。当焊条末端运动到斜圆圈上面时,电弧应更短,并稍停片刻,使较多的熔化金属过渡到焊道中去,然后缓慢地将电弧引到焊道下边,这样使电弧往复循环,有效地避免各种缺陷,使焊缝成形良好。

背面封底焊时,首先进行清根,然后使用直径为3.2 mm的焊条、较大的焊接电流和直线形运条方式焊接。

对焊件厚度大于8 mm的多层多道焊,采用直径为3.2 mm的焊条、直线形或小圆圈形运条方式,并根据各道焊缝具体情况,始终保持短弧和适当的焊接速度,同时焊条速度也应根据各焊道的位置进行调节,才能获得较好的焊缝成形。

6. 仰焊

仰焊是指焊条位于焊件下方,焊工仰视焊件所进行的焊接。

(1) 不开坡口的对接仰焊

焊接厚度不超过4 mm时,一般可不开坡口,用砂纸打光待焊处之后,组装进行定位焊。焊接时选用直径为3.2 mm的焊条,焊接电流比平对接焊小15% ~ 20%,焊条与焊接方向成70° ~ 80°角,与焊缝两侧成90°。在整个焊接过程中,应保持在上述位置均匀运条不要中断。运条方法可采用直线形和直线往复形,直线形可用于焊接间隙小的接头,直线往复形可用于间隙较大的接头。焊接电流虽比平对接焊时小,但不宜过小,否则不能得到足够的熔深,并且电弧不稳,操作难掌握,焊缝质量也难保证。在运条过程中,要保持最短的电弧长度,以使得熔滴能顺利过渡到熔池中去。为了防止液态金属的流淌,熔池不宜太大,操作中应注意控制熔池的大小,也要注意熔渣流动情况,只有熔渣浮出正常,才能避免焊缝夹渣,保证熔合良好。收尾动作要快,以免焊漏,但要填满弧坑。

(2) 开坡口的对接仰焊

当焊件厚度大于5 mm时,均应开坡口焊接。一般开V形坡口,坡口角度比平对接焊时大一些,钝边厚度小些(1 mm以下),间隙要大些,其目的是便于运条和变换焊条位置,从而克服仰焊熔深不足以至焊不透的现象,保证焊缝质量。

开坡口的对接仰焊,可采用多层焊或多层多道焊,在焊第一道时,采用直径为3.2 mm的焊条,焊接电流比平对接焊小10% ~ 20%,多用直线形运条法,间隙稍大时,用直线往复形运条。从接缝的起头处开始焊接,首先用长弧预热起焊处,稍有预热后,迅速压低电弧于坡口根部,稍停2 ~ 3 s,以便熔透根部,然后将电弧向前移动。正常焊接时,焊条沿焊接方向移动的速度,应在保证焊透的前提下尽可能快些,以防止烧穿及熔池金属下淌。第一焊道表面应平直,避免凸形,因凸形焊道不仅给焊接下一层焊道的操作增加困难,而且容易造成焊道边缘未焊透或夹渣、焊瘤等缺陷。

焊接第二层焊道时,应将第一层焊道熔渣及飞溅物清除干净,若有焊瘤应铲平后才能施焊。焊接时用直径4 mm焊条,焊接电流180 ~ 200 A,这样可提高生产效率。第二层和以后各层焊道的运条均可采用月牙形和锯齿形。运条到两侧稍停片刻,中间稍快,以便形成较薄的焊道。

多层多道焊时,焊道排列的顺序与横焊相似。按照上述要求焊完第一层焊道和第二层焊道之后,其他各层焊道用直线形运条,但焊条角度应根据各焊道的位置作相应的调整,以利于熔滴的过渡和获得较好的焊道形状。

3.4 焊 条

3.4.1 焊条的组成

涂有药皮供焊条电弧焊用的熔化电极称为电焊条,简称焊条。在焊条电弧焊过程中,焊条不仅作为电极用来传导焊接电流,维持电弧的稳定燃烧,对熔池起保护作用,同时又作为填充金属直接过渡到熔池,与熔池基本金属熔合,并进行一系列冶金反应后,冷却凝固形成焊缝金属。

焊条由焊条芯(简称焊芯)和药皮组成。在焊条前端,药皮有45°左右的倒角,这是为了将焊芯金属露出,便于引弧。在尾部有一段焊芯,约占焊条总长的1/16,以便于焊钳夹持和导电。焊条直径是指焊芯直径,一般焊条直径为 1.6 mm、2.0 mm、2.5 mm、3.2 mm、4.0 mm、5.0 mm、6.0 mm 等规格。焊条直径及焊芯材料的不同决定了焊条能允许通过的电流密度也不同,因此对不同的焊条,在长度上必须作一定的限制。

焊芯是专门炼制的优质钢丝,其成分特点是含碳量、含硫量和含磷量很低。根据国家标准,焊接用钢丝可分为碳素结构钢、合金结构钢和不锈钢三类。牌号前用焊字注明,以示焊接用钢丝,它的代号是H,即汉语拼音的第一个字母。其后的牌号表示法与钢号表示方法一样。末尾注有高(字母用 A 表示)标记的是高级优质钢,含硫、磷量较低;末尾注有特(字母用 E 表示)标记的是特级钢材,其含硫、磷量更低。焊接用钢丝的牌号代号及其化学成分见 GB 1300 规定。

焊条牌号可分为 10 类,见表 3.6。

焊芯表面的涂层称为药皮,焊条药皮在焊接过程中有稳定电弧、保护熔滴和熔池、脱氧、掺合金等作用。

表 3.6 焊条牌号的类别

序号	焊条类别	代号	
		拼音	汉字
1	结构钢焊条	J	结
2	钼和铬钼耐热钢焊条	R	热
3	不锈钢焊条	G/A	铬／奥
4	堆焊焊条	D	堆
5	低温钢焊条	W	温
6	铸铁焊条	Z	铸
7	镍及镍合金焊条	Ni	镍
8	铜及铜合金焊条	T	铜
9	铝及铝合金焊条	L	铝
10	特殊用途焊条	TS	特

3.4.2 选择焊条的基本要点

表3.7给出了选用焊条的基本原则。

表3.7 选用焊条的基本原则

选用依据	选用要点
焊接材料的力学性能和化学成分要求	(1) 对于普通结构钢,通常要求焊缝金属与母材同强度,应选用抗拉强度等于或稍高于母材的焊条 (2) 对于合金结构钢,通常要求焊缝金属的主要合金成分与母材金属相同或相近 (3) 在被焊结构刚性大、接头应力高、焊缝容易产生裂纹的不利情况下,可以考虑选用比母材强度低一级的焊条 (4) 当母材中碳及硫、磷等元素含量偏高时,焊缝容易产生裂纹,应选用抗裂性能好的低氢焊条
焊件的使用性能和工作条件要求	(1) 承受动载荷和冲击载荷的焊件,除满足强度要求外,还要保证焊缝金属具有较高的冲击韧性和塑性,应选用塑性和韧性指标较高的低氢焊条 (2) 接触腐蚀介质的焊件,应根据介质的性质及腐蚀特征,选用相应的不锈钢类焊条或其他耐腐蚀焊条 (3) 在高温或低温条件下工作的焊件,应选用相应的耐热钢或低温钢焊条
焊件的结构特点和受力状态	(1) 对结构形状复杂、刚性大及大厚度焊件,由于焊接过程中产生很大的应力,容易使焊缝产生裂纹,应选用抗裂性能好的低氢焊条 (2) 对焊接部位难以清理干净的焊件,应选用氧化性能强,对铁锈、氧化皮、油污不敏感的酸性焊条 (3) 对受条件限制不能翻焊的焊件,有些焊缝牌非平焊位置,应选用全位置焊接的焊条
施工条件及设备	(1) 在没有直流电源,而焊接结构又要求必须使用低氢焊条的场合,应选用交直流两用低氢焊条 (2) 在狭小或通风条件差的场合,选用酸性焊条或低尘焊条
操作工艺性能	在满足产品性能要求的条件下,尽量选用工艺性能好的酸性焊条
经济效益	在满足使用性能和操作工艺性的条件下,尽量选用成本低、效率高的焊条

3.5 常见焊接缺陷和检验方法

3.5.1 常见焊接缺陷及产生原因

常见焊接缺陷及产生原因见表3.8。

表 3.8 焊条焊常见缺陷

缺陷名称	形状特征	产生原因	排除方法
焊缝尺寸不符合要求	焊缝宽度、余高、焊脚尺寸过大或过小	焊条直径及焊接工艺参数选择不当,焊接坡口不合理,操作时运条不当,焊接电流不稳定	外部变形可用机械方法或加热方法矫正
咬边	焊缝根部形成尖锐夹角	焊接工艺参数不当,电流过大,电弧过长,焊速过快,焊条角度不对,操作手势不正确电弧偏吹;焊接零件的位置安放不当	轻微的、浅的咬边可用机械方法修锉,使其平滑过渡;严重的、深的咬边应进行补焊
气孔	密集分布或分散分布,断面光滑	焊件表面氧化物、锈蚀、污染未清理;焊条吸潮;焊接电流过小,电弧过长,焊速太快,焊接区保护不好,操作手势不正确	铲去气孔处的焊缝金属,然后补焊
未焊透	熔深不足	坡口角度间隙太小,焊接电流太小;焊接速度太快,焊条角度不正确,操作手势不正确	对开敞性好的结构的单面未焊透,可在焊缝背面直接补焊 对于不能直接补焊的重要焊件,应在产生未焊透的焊缝金属,重新焊接
夹渣		焊件表面氧化物、层间熔渣没有清除干净;焊接电流过小,焊速太快,焊接材料质量不好,操作手势不正确	铲除夹渣处的焊缝金属,然后进行补焊
裂纹	纵向、横向	焊接表面污染,焊条吸潮,母材及填充金属内含有较多的杂质;接头刚性过大,焊接工艺参数不当,焊接材料选择不当 ;预热及焊后热处理工艺参数不当	在裂纹两端钻止裂孔或铲除裂纹处的焊缝金属,进行补焊
焊瘤	焊缝金属高出母材表面但未与母材熔合	焊接电流太大,焊接速度太慢,接头坡口角度间隙太大	可用铲、锉、磨等手工或机械方法去除漏出的多余金属
烧穿		坡口尺寸不符合要求,间隙太大,焊接电流太大,焊接速度太慢,操作手势不正确	清除烧穿孔洞边缘的残余金属,用补焊方法填平孔洞后,再继续焊接

3.5.2　焊接检验的基本内容

表3.9为焊接检验的内容。

表3.9　焊接检验的内容

	母材与焊接材料的检验
	焊接零件毛坯和夹具的检验
焊接前检验	焊接设备和仪器的检验
	焊接工艺参数的调整和检验
	焊工操作技术水平的考核
	焊接设备运行是否正常
焊接过程中检验	焊接工艺参数是否稳定
	焊接材料选用是否正确
	焊接结构外形尺寸检验
焊接后检验	焊接接头质量检验
	焊接结构的强度及致密性检验

3.5.3　常用焊接检验方法

焊接质量检验包括焊前检验、生产中检验和成品检验。

1. 焊缝外检验

（1）用焊缝量规检查坡口角度和焊件装配质量。

（2）用万能量规检查对接焊缝余高和角焊缝的外观尺寸。

（3）用焊道量规测量焊脚尺寸。

（4）用肉眼或低倍(小于20倍)放大镜检查焊接接头的外观缺陷,如表面气孔、咬边、未焊透、裂纹。

2. 焊缝的内部检验

常用检验方法有:磁粉检验、超声波检验、X射线和γ射线检验。

3. 密封性检验

检验不受压或受压很低的容器和管道的焊缝致密性,常用静气压试验、煤油检验、水压试验

4. 有关安全知识

焊条电弧焊中最容易发生的事故有触电、眼被弧光伤害、烧伤、烫伤、有害气体中毒以及爆炸、火灾等,因此安全防护在焊接工作中非常重要。操作人员必须加强防护,严格执行有关安全制度和规定。

习　题　3

3.1　焊条电弧焊保护熔池的方法是什么?

3.2　焊条焊中,氢的来源有哪些? 它对焊缝金属有什么影响?

3.3　焊条焊时,熔渣起什么作用?

3.4　焊条焊时,焊条直径和焊接电流分别根据什么选择?

第4章 埋弧焊

4.1 埋弧焊原理、方法及特点

埋弧焊也是利用电弧作为热源的焊接方法。埋弧焊时电弧是在一层颗粒状的可熔化焊剂覆盖下燃烧，电弧不外露，埋弧焊由此得名。埋弧焊是焊丝作为熔化电极送入焊接区形成电弧，电弧在焊剂下燃烧，熔化被焊金属、填充金属和焊剂形成永久性接头的一种焊接方法。所用的金属电极是不间断送进的光焊丝。

在其他参数不变的情况下，电弧长度的稳定是维持自动弧焊系统稳定的关键因素，根据维持弧长稳定的方式不同，将埋弧焊分为等速送进式（电弧自身调节）和均匀调节式（电弧电压均匀调节）。

4.1.1 埋弧焊工作原理

图4.1是埋弧焊焊缝形成过程示意图。焊接电弧在焊丝与工件之间燃烧，电弧热将焊丝端部及电弧附近的母材和焊剂熔化。熔化的金属形成熔池，熔融的焊剂成为熔渣。熔池受熔渣和焊剂蒸气的保护，不与空气接触。电弧向前移动时，电弧力将熔池中的液体金属推向熔池后方。在随后的冷却过程中，这部分液体金属凝固成焊缝。熔渣则凝固成渣壳，覆盖于焊缝表面。熔渣除了对熔池和焊缝金属起机械保护作用外，在加热、熔化、凝结、结晶过程中，各种化学成分进行复杂的冶金反应，因此可以通过焊剂和焊丝向焊缝金属过渡各种化学元素，调节焊缝金属的成分和性能。

埋弧焊时，被焊工件与焊丝分别接在焊接电源的两极。焊丝通过与导电嘴的滑动接触与电源连接。焊接回路包括焊接电源、连接电缆、导电嘴、焊丝、电弧、熔池、工件等环节，焊丝端部在电弧热作用下不断熔化，因而焊丝应连续不断地送进，以保持焊接过程的稳定进行。焊丝的送进速度应与焊丝的熔化速度相平衡。焊丝一般由电动机驱动的送丝滚轮送进。随应用的不同，焊丝数目可以有单丝、双丝或多丝。有的应用中采用药芯焊丝代替实心焊丝，或是用钢带代替焊丝。

埋弧焊有自动埋弧焊和半自动埋弧焊两种方式。前者的焊丝送进和电弧移动都由专门的机头自动完成，后者的焊丝送进由机械完成，电弧移动则由人工进行。焊接时，焊剂由漏斗铺撒在电弧的前方。焊接后，未被熔化的焊剂可用焊剂回收装置自动回收，或由人工清理回收。

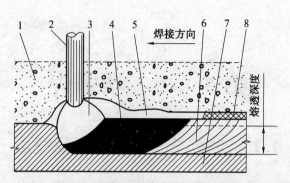

图 4.1　埋弧焊焊缝形成过程示意图

1— 焊剂;2— 焊丝(电极);3— 电弧;4— 熔池;5— 熔渣;6— 焊缝;7— 母材;8— 渣壳

4.1.2　埋弧焊的优点和缺点

1. 埋弧焊的主要优点

（1）生产效率高。埋弧焊可以比焊条电弧焊采用更大的焊接电流。例如焊条电弧焊使用 $\phi 4$ mm 的焊条焊接时,通常的焊接电流不超过 250 A,当焊接电流过大时,焊条熔化速度太快,焊条发红,焊缝容易产生缺陷,且不能正常焊接;而埋弧焊使用 $\phi(4 \sim 5)$ mm 的焊丝时,通常使用的焊接电流为 600 ~ 800 A,甚至可达到 1 000 A,电流流过焊丝时产生的电阻热比焊条电弧焊大 3 倍以上,故弧焊电流对焊丝的预热作用比焊条电弧焊大得多,再加上电弧在密封的焊剂壳膜中燃烧,热效率极高,使焊丝的熔化系数增大、母材熔化快,提高了焊接速度。焊条电弧焊的焊接速度不超过 10 ~ 13 cm/min,而埋弧焊的焊接速度可达 50 ~ 80 cm/min。对板厚在 8 mm 以下的板材对接时可不用开坡口,单丝埋弧焊在工件不开坡口的情况下,一次可熔透 20 mm。厚度较大的板材所开坡口也比焊条电弧焊所开坡口小,减少了填充金属量,节省了焊接材料,提高了焊接生产效率。

（2）焊接速度快。以厚度 8 ~ 10 mm 的钢板对接焊为例,单丝埋弧焊速度可达 50 ~ 80 cm/min,手工电弧焊则不超过 10 ~ 13 cm/min。

（3）焊缝质量好。埋弧焊时,焊接区受到焊剂和渣壳的可靠保护,与空气隔离,这样大大减少了有害气体侵入的机会,同时熔池液体金属凝固速度较慢,使熔池液体金属与熔化的焊剂有较多的时间进行冶金反应,减少焊缝中产生气孔、夹渣、裂缝等缺陷。焊剂还可以向焊缝中补充一些合金元素,提高焊缝金属的力学性能。

（4）在有风的环境中焊接时,埋弧焊的保护效果比其他电弧焊方法好。

（5）自动焊接时,焊接参数可通过自动调节保持稳定。与手工电弧焊相比,焊接质量对焊工技艺水平的依赖程度可大大降低。

（6）劳动条件好。由于实现了焊接过程机械化,操作比较方便,减轻了焊工的劳动强度,而且电弧是在焊剂层下燃烧,没有弧光的辐射,烟尘也较少,改善了焊工的劳动条件。

2. 埋弧焊的主要缺点

（1）由于采用颗粒状焊剂,这种焊接方法一般只适用于平焊位置,其他位置焊接需采用特殊措施以保证焊剂能覆盖焊接区。

（2）不能直接观察电弧与坡口的相对位置，如果没有采用焊缝自动跟踪装置，则容易焊偏。

（3）埋弧焊电弧的电场强度较大，电流小于 100 A 时电弧不稳，因而不适于焊接厚度小于 1 mm 的薄板。

（4）只适合形状简单、长度较长的焊缝。

4.1.3 埋弧焊的适用范围

埋弧焊是一种成熟的焊接工艺方法，应用相当广泛，适用中厚板、多种材料多种产品的焊接。由于埋弧焊熔深大，生产率高，机械化操作的程度高，因而适于焊接中厚板结构的长焊缝。在造船、锅炉与压力容器、桥梁、起重机械、铁路车辆、工程机械、重型机械和冶金机械、核电站结构、海洋结构等制造部门有着广泛的应用，是当今焊接生产中最普遍使用的焊接方法之一。

埋弧焊除了用于金属结构中构件的连接外，还可在基体金属表面堆焊耐磨或耐腐蚀的合金层。

随着焊接冶金技术与焊接材料生产技术的发展，埋弧焊能焊的材料已从碳素结构钢发展到低合金结构钢、不锈钢、耐热钢等以及某些有色金属，如镍基合金、钛合金、铜合金等。

4.2 埋弧焊设备

4.2.1 埋弧焊电源

一般埋弧焊多采用粗焊丝，电弧具有水平的静特性曲线。按照前述电弧稳定燃烧的要求，电源应具有下降的外特性。在用细焊丝焊薄板时，电弧具有上升的静特性曲线，宜采用平特性电源。

埋弧焊电源可以用交流（弧焊变压器）、直流（弧焊发电机或弧焊整流器）或交直流并用。要根据具体的应用条件，如焊接电流范围、单丝焊或多丝焊、焊接速度、焊剂类型等选用。

一般直流电源用于小电流范围、快速引弧、短焊缝、高速焊接，所采用焊剂的稳弧性较差及对焊接工艺参数稳定性有较高要求的场合。采用直流电源时，不同的极性将产生不同的工艺效果。当采用直流正接（焊丝接负极）时，焊丝的熔敷率最高；采用直流反接（焊丝接正极）时，焊缝熔深最大。

采用交流电源时，焊丝熔敷率及焊缝熔深介于直流正接和反接之间，而且电弧的磁偏吹最小。因而交流电源多用于大电流埋弧焊和采用直流时磁偏吹严重的场合。一般要求交流电源的空载电压在 65 V 以上。

为了加大熔深并提高生产率，多丝埋弧自动焊得到越来越多的工业应用。目前应用较多的是双丝焊和三丝焊。多丝焊的电源可用直流或交流，也可以交、直流联用。双丝埋弧焊和三丝埋弧焊时焊接电源的选用及连接有多种组合。

4.2.2 埋弧焊机

埋弧焊机分为半自动焊机和自动焊机两大类。

1. 半自动埋弧焊机

半自动埋弧焊机的主要功能是：① 将焊丝通过软管连续不断地送入电弧区；② 传输焊接电流；③ 控制焊接启动和停止；④ 向焊接区铺施焊剂。

因此它主要由送丝机构、控制箱、带软管的焊接手把及焊接电源组成。软管式半自动埋弧焊机兼有自动埋弧焊的优点及手工电弧焊的机动性。在难以实现自动焊的工件上（例如中心线不规则的焊缝、短焊缝、施焊空间狭小的工件等），可用这种焊机进行焊接。

2. 自动埋弧焊机

自动埋弧焊机的主要功能是：① 连续不断地向焊接区送进焊丝；② 传输焊接电流；③ 使电弧沿接缝移动；④ 控制电弧的主要参数；⑤ 控制焊接的启动与停止；⑥ 向焊接区铺施焊剂；⑦ 焊接前调节焊丝端位置。

常用的自动埋弧焊机有等速送丝和变速送丝两种，它们一般都由机头、控制箱、导轨（或支架）以及焊接电源组成。等速送丝自动埋弧焊机采用电弧自身调节系统；变速送丝自动埋弧焊机采用电弧电压自动调节系统。

自动埋弧焊机按照工作需要，有不同的形式，常见的有：焊车式、悬挂式、机床式、悬臂式、门架式等。使用最普遍的是 MZ - 1000 焊机，该焊机为焊车式。MZ - 1000 焊机采用电弧电压自动调节（变速送丝）系统，送丝速度正比于电弧电压。

4.2.3 埋弧焊辅助设备

埋弧焊时，为了调整焊接机头与工件的相对位置，使接缝处于最佳的施焊位置或为达到预期的工艺目的，一般都需有相应的辅助设备与焊机相配合。埋弧焊的辅助设备大致有以下几种类型：

1. 焊接夹具

使用焊接夹具的目的在于使工件准确定位并夹紧，以便于焊接，这样可以减少或免除定位焊缝并且可以减少焊接变形。有时为了达到其他工艺目的，焊接夹具往往与其他辅助设备联用，如单面焊双面成型装置等。

2. 工件变位设备

这种设备的主要功能是使工件旋转、倾斜、翻转以便把待焊的接缝置于最佳的焊接位置，达到提高生产率、改善焊接质量、减轻劳动强度的目的。工件变位设备的形式、结构及尺寸因焊接工件而异。埋弧焊中常用的工件变位设备有滚轮架、翻转机等。

3. 焊机变位设备

这种设备的主要功能是将焊接机头准确地送到待焊位置，焊接时可在该位置操作；或是以一定速度沿规定的轨迹移动焊接机头进行焊接，这种设备也称为焊接操作机。它们大多与工件变位机、焊接滚轮架等配合使用，完成各种工件的焊接。基本形式有平台式、悬臂式、伸缩式、龙门式等。

4. 焊缝成形设备

埋弧焊的电弧功率较大,钢板对接时为防止熔化金属的流失和烧穿并促使焊缝背面成形,往往需要在焊缝背面加衬垫。最常用的焊缝成形设备除前面已提到的铜垫板外,还有焊剂垫。焊剂垫有用于纵缝的和环缝的。

5. 焊剂回收输送设备

用来在焊接中自动回收并输送焊剂,以提高焊接自动化的程度。采用压缩空气的吸压式焊剂回收输送器可以安装在小车上使用。

4.3 埋弧焊工艺要点

4.3.1 埋弧焊工艺的内容和编制

1. 埋弧焊工艺的主要内容

埋弧焊工艺主要包括焊接工艺方法的选择;焊接工艺装备的选用;焊接坡口的设计;焊接材料的选定;焊接工艺参数的制定;焊件组装工艺编制;操作技术参数及焊接过程控制技术参数的制定;焊缝缺陷的检查方法及修补技术的制定;焊前预处理与焊后热处理技术的制定等内容。

2. 编制焊接工艺的原则和依据

首先要保证接头的质量完全符合焊件技术条件或标准的规定;其次是在保证接头质量的前提下,最大限度地降低生产成本,即以最高的焊接速度,最低的焊材消耗和能量消耗以及最少的焊接工时完成整个焊接过程。

编制焊接工艺的依据是焊件材料的牌号和规格,焊件的形状和结构,焊接位置以及对焊接接头性能的技术要求等。

4.3.2 埋弧焊工艺参数及焊接技术

1. 焊接工艺参数的选择

影响埋弧焊焊缝成形和质量的主要因素有:线能量、接头结构形式、尺寸、施工工艺及焊接材料性能。决定线能量大小的参数有焊接电流、电弧电压、焊接速度。

焊接工艺参数的选择是针对将要投产的焊接结构施工图上标明的具体焊接接头进行的,产品图样和相应的技术条件有:

① 焊件的形状和尺寸(直径、总长度);接头的钢材种类与板厚。

② 焊缝的种类(纵缝、环缝)和焊缝的位置(平焊、横焊、上坡焊、下坡焊)。

③ 接头的形式(对接、角接、搭接)和坡口形式(Y形、X形、U形坡口等)。

④ 对接头性能的技术要求,其中包括焊后无损探伤方法、抽查比例以及对接接头强度、冲击韧度、弯曲、硬度和其他理化性能的合格标准。

⑤ 焊接结构(产品)的生产批量和进度要求。

　　焊接工艺参数的选择程序根据上列已知条件,通过对比分析,首先可选定埋弧焊工艺方法,单丝焊还是多丝焊或其他工艺方法,同时根据焊件的形状和尺寸可选定细丝埋弧焊,还是粗丝埋弧焊。例如,小直径圆筒的内外环缝应采用焊丝为 $\phi2$ mm 的细丝埋弧焊;深坡口对接接头纵缝和环缝宜采用焊丝为 $\phi4$ mm 的埋弧焊;船形位置厚板角接接头通常可采用焊丝为 $\phi5$ mm、$\phi6$ mm 的粗丝埋弧焊。厚度在 20 mm 以下的对接接头,可采用单面焊接。根据要求和厚度不同,可选用电磁平台熔剂垫上焊接、焊剂垫上焊接、焊剂铜垫板上焊接、永久性垫板上焊接或悬空焊接,板厚大于 12 mm 时可选用双面焊。T 型或搭接接头可选用船形焊或平角焊。为提高生产率可用多丝焊。对于短小焊缝还可以采用于工操作曲半自动埋弧焊。

　　焊接工艺方法选定后,即可按照钢材、板厚和对接头性能的要求,选择适用的焊剂和焊丝的牌号,对于厚板深坡口或窄间隙埋弧焊接头,应选择既能满足接头性能要求又具有良好工艺性和脱渣性的焊剂。

　　根据所焊钢材的焊接性试验报告,选定预热温度、层间温度、后热温度以及焊后热处理温度和保温时间。由于埋弧焊的电弧热效率较高,焊缝及热影响区的冷却速度较慢,因此对于一般焊接结构,板厚90 mm 以下的接头可不作预热;厚度50 mm 以下的普通低合金钢,如施工现场的环境温度在10 ℃ 以上,焊前也不必预热;强度极限600 MPa 以上的高强度钢或其他低合金钢,板厚20 mm 以上的接头应预热100 ~ 150 ℃。后热和焊后热处理通常只用于低合金钢厚板接头。

　　最后根据板厚、坡口形式和尺寸选定焊接参数(焊接电流、电弧电压和焊接速度)并配合其他次要工艺参数。确定这些工艺参数时,必须以相应的焊接工艺试验结果或焊接工艺评定试验结果为依据,并在实际生产中加以修正后确定出符合实际情况的工艺参数。

2.对接接头的焊接工艺

　　对接接头单面焊可采用以下几种方法:在焊剂垫上焊接,在焊剂铜垫板上焊接,在永久性垫板或锁底接头上焊接,以及在临时衬垫上焊接和悬空焊接等。

　　(1)在焊剂垫上焊接

　　用这种方法焊接时,焊缝成形的质量主要取决于焊剂垫托力的大小和均匀与否,以及装配间隙的均匀与否。图 4.2 说明了焊剂垫托力与焊缝成形的关系。板厚 2 ~ 8 mm 的对接接头在具有焊剂垫的电磁平台上焊接所用的参数列于表4.1。电磁平台在焊接中起固定板料的作用。

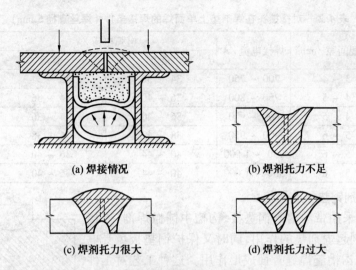

(a) 焊接情况　　　　　　　(b) 焊剂托力不足

(c) 焊剂托力很大　　　　　(d) 焊剂托力过大

图 4.2　在焊剂垫上焊接

表 4.1　对接接头在电磁平台 —— 焊剂垫上单面焊的焊接条件

板厚 /mm	装配间隙 /mm	焊丝直径 /mm	焊接电流 /A	电弧电压 /V	焊接速度 /(cm·min^{-1})	电流种类	焊剂垫中焊剂颗粒	焊接垫软管中的空气压力 /kPa
2	0 ~ 1.0	1.6	120	24 ~ 28	73	直流反接	细小	81
3	0 ~ 1.5	1.6	275 ~ 300	28 ~ 30	56.7	交流	细小	81
		2	275 ~ 300	28 ~ 30	56.7			
		3	400 ~ 425	25 ~ 28	117			
4	0 ~ 1.5	2	375 ~ 400	28 ~ 30	66.7	交流	细小	101 ~ 152
		4	525 ~ 550	28 ~ 30	83.3			101
5	0 ~ 2.5	2	425 ~ 450	32 ~ 34	58.3	交流	细小	101 ~ 152
		4	575 ~ 625	28 ~ 30	76.7			
6	0 ~ 3.0	2	475	32 ~ 34	50	交流	正常	101 ~ 152
		4	600 ~ 650	28 ~ 32	67.5			
7	0 ~ 3.0	4	650 ~ 700	30 ~ 34	61.7	交流	正常	101 ~ 152
8	0 ~ 3.5	4	725 ~ 775	30 ~ 36	56.7	交流	正常	101 ~ 152

　　板厚 10 ~ 20 mm 的 I 形坡口对接接头预留装配间隙并在焊剂垫上进行单面焊的焊接参数,见表 4.2。所用的焊剂垫应尽可能选用细颗粒焊剂。

表4.2　对接接头在焊剂垫上单面焊的焊接条件（焊丝直径5 mm）

板厚/mm	装配间隙/mm	焊接电流/A	电弧电压/V		焊接速度 /(cm·min^{-1})
			交流	直流	
10	3 ~ 4	700 ~ 750	34 ~ 36	32 ~ 34	50
12	4 ~ 5	750 ~ 800	36 ~ 40	34 ~ 36	45
14	4 ~ 5	800 ~ 900	36 ~ 40	34 ~ 36	42
16	5 ~ 6	900 ~ 950	38 ~ 42	36 ~ 38	33
18	5 ~ 6	950 ~ 1 000	40 ~ 44	36 ~ 40	28
20	5 ~ 6	950 ~ 1 000	40 ~ 44	36 ~ 40	25

（2）在焊剂铜垫板上焊接

这种方法采用带沟槽的铜垫板，沟槽中铺撒焊剂，焊接时，这部分焊剂起焊剂垫的作用，同时又保护铜垫板免受电弧直接作用。沟槽起焊缝背面成形作用。这种工艺对工件装配质量、垫板上焊剂托力均匀与否均不敏感。板料可用电磁平台固定，也可用龙门压力架固定。铜垫板的尺寸见图4.3和表4.3。在龙门架焊剂铜垫板上的焊接参数见表4.4。

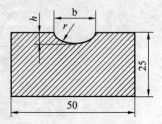

图4.3　铜垫板尺寸

表4.3　铜垫板断面尺寸　　　　　　　　　　　　mm

焊件厚度	槽宽 b	槽深 h	沟槽曲率半径 r
4 ~ 6	10	2.5	7.0
6 ~ 8	12	3.0	7.5
8 ~ 10	14	3.5	9.5
12 ~ 14	18	4.0	12

表4.4　在龙门架焊剂铜垫板上单面焊的焊接条件

板厚/mm	装配间隙/mm	焊丝直径/mm	焊接电流/A	电弧电压/V	焊接速度/(cm·min^{-1})
3	2	3	380 ~ 420	27 ~ 29	78.3
4	2 ~ 3	4	450 ~ 500	29 ~ 31	68
5	2 ~ 3	4	520 ~ 560	31 ~ 33	63
6	3	4	550 ~ 600	33 ~ 35	63
7	3	4	640 ~ 680	35 ~ 37	58
8	3 ~ 4	4	680 ~ 720	35 ~ 37	53.3
9	3 ~ 4	4	720 ~ 780	36 ~ 38	46
10	4	4	780 ~ 820	38 ~ 40	46
12	5	4	850 ~ 900	39 ~ 41	38
14	5	4	880 ~ 920	39 ~ 41	36

（3）在永久性垫板或锁底接头上焊接

当焊件结构允许焊后保留永久性垫板时,厚10 mm以下的工件可采用永久性垫板单面焊方法。永久性钢垫板的尺寸见表4.5。垫板必须紧贴在待焊板缘上,垫板与工件板面间的间隙不得超过0.5 ~ 1 mm。厚度大于10 mm的工件,可采用锁底接头焊接方法,如图4.4所示(详见GB/T 986—1988)。此法用于小直径厚壁圆筒形工件的环缝焊接,效果很好。

表4.5　对接用的永久性钢垫板　　　　　　　　　　　　　　　　　　mm

板厚	垫板厚度	垫板宽度
2 ~ 6	0.5δ	4δ + 5
6 ~ 10	(0.3 ~ 0.4)δ	

（4）在临时性的衬垫上焊接

这种方法采用柔性的热固化焊剂衬垫贴合在接缝背面进行焊接。衬垫材料需要专门制造或由焊接材料制造部门供应。另外还有采用陶瓷材料制造的衬垫进行单面焊的方法。

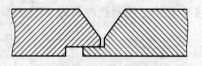

图4.4　锁底对接接头

（5）悬空焊接

当工件装配质量良好并且没有间隙的情况下,可以采用不加垫板的悬空焊接。用这种方法进行单面焊时,工件不能完全熔透。一般的熔深不超过2/3板厚,否则容易烧穿。这种方法只用于不要求完全焊透的接头。

一般工件厚度为10 ~ 40 mm的对接接头,通常采用对接接头双面焊。接头形式根据钢种、接头性能要求的不同,可采用图4.5所示的I形、Y形、X形坡口。这种方法对焊接工艺参数的波动和工件装配质量都不敏感,其焊接技术关键是保证第一面焊的熔深和熔池

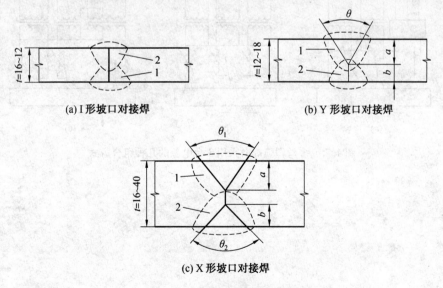

(a) I形坡口对接焊　　　　　(b) Y形坡口对接焊

(c) X形坡口对接焊

图4.5　不同板厚的接头形式

的不流溢和不烧穿。焊接第一面的实施方法有悬空法、加焊剂垫法以及利用薄钢带、石棉绳、石棉板等做成临时工艺垫板法进行焊接。

3. 高效埋弧焊

（1）多丝埋弧焊

多丝埋弧焊是一种高生产率的焊接方法。按照所用焊丝数目有双丝埋弧焊、三丝埋弧焊等，在一些特殊应用中焊丝数目多达14根。目前工业上应用最多的是双丝埋弧焊和三丝埋弧焊。双丝焊和三丝焊的电源连接方式如图4.6和4.7所示。焊丝排列一般都采用纵列式，即2根或3根焊丝沿焊接方向顺序排列。焊接过程中，每根焊丝所用的电流和电压各不相同，因而它们在焊缝成形过程中所起的作用也不相同。一般由前导的电弧获得足够的熔深，后续电弧调节熔宽或起改善成形的作用，因此焊丝间的距离要适当。表4.6列出了用双丝埋弧焊和三丝埋弧焊进行单面焊的焊接条件。

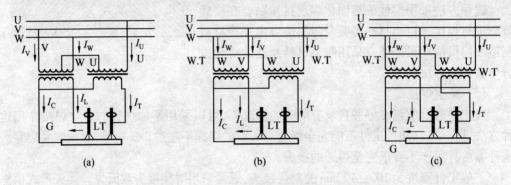

图4.6　双丝2台交流电源的不同接线方式

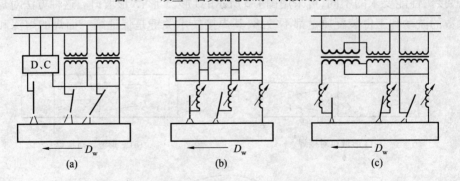

图4.7　多丝埋弧焊时采用3台电源的几种组合方式

表 4.6　利用双丝埋弧焊和三丝埋弧焊进行单面焊的焊接条件

板厚/mm	焊丝数	h_1/mm	H_2/mm	θ/(°)	焊丝	电流/A	电压/V	焊接速度/(cm·min⁻¹)
20		8	12	90	前	1 400	32	60
					后	900	45	
25	双丝	10	15	90	前	1 600	32	60
					后	1 000	45	
32		16	16	75	前	1 800	33	50
35		17	18	75	后	1 100	45	43
20		11	9	90	前	2 200	30	110
25		12	13	90	中	1 300	40	95
					后	1 000	45	
32	三丝	17	15	70	前	2 200	33	70
50		30	20	60	中	1 400	40	40
					后	1 100	45	

（2）带极埋弧焊

此种方法具有最高的熔敷速度、最低的熔深和稀释度，尤其是双带极埋弧焊，因此是表面堆焊的理想方法。带极埋弧堆焊的关键是要有合适成分的带材、焊剂和送带机构。一般常用的带宽为 60 mm。焊剂宜采用烧结焊剂，并尽可能减少氧化铁含量。

带极埋弧堆焊通常采用直流反接极性，图 4.8 为带宽 60 mm 带极堆焊工艺参数对堆焊焊缝成形的影响，为了尽可能减小稀释率，焊接电流不超过 950 A，电压以 26 V 为最佳，焊接速度也不应选太大。

宽带极埋弧堆焊采用轴向外加磁场或横向交变磁场，可以有效提高宽带堆焊层的熔深均匀性。

（3）附加依靠焊丝电阻预热的热丝、冷丝、铁粉的埋弧焊方法

这些方法有较高熔敷率、较低的熔深和稀释率，仅适用于难以制成带极或丝极的某些合金埋弧堆焊及焊接，也常在窄隙埋弧焊时使用。

（4）单面焊双面成形埋弧焊

在一定的板厚、坡口及间隙条件下，采用适当的强制成形衬垫可以实现单面焊双面一次成形对接埋弧焊。这种施焊方法可以免除焊件翻身，提高生产率。但由于受电弧能量密度的限制，只能在小于 25 mm 板厚条件下实现单面焊双面成形。

（5）窄间隙埋弧焊

厚度在 50 mm 以上，焊件若采用普通的 V 形或 U 形坡口埋弧焊，则焊接层数、道数多，焊缝金属填充量及所需焊接时间均随厚度成几何级数增长，焊接变形也会非常大且难以

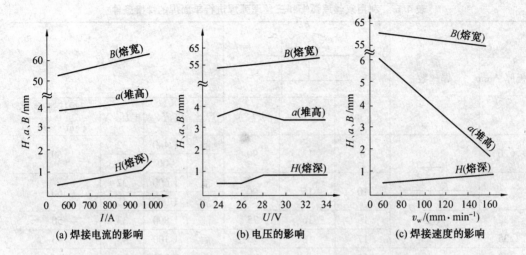

(a) 焊接电流的影响　　　　(b) 电压的影响　　　　(c) 焊接速度的影响

图4.8　60 mm 带极埋弧堆焊工艺参数对堆焊层成形的影响

控制。窄间隙埋弧焊就是为了克服上述弊端而发展起来的,其主要特点为:① 窄间隙坡口底层间隙为 12～35 mm,坡口角度为 1°～7°,每层焊缝道数为 1～3,常采用工艺垫板打底焊。② 为避免电弧在窄坡口内极易诱发的磁偏吹,通常采用交流电弧而不采用直流电弧,晶闸管控制的交流方波电源是一种理想的电源。③ 为了提高窄坡口埋弧焊的熔敷和焊接速度,采用串列双弧焊是有效途径,如 AC – AC 或 DC – AC 组合的串列双弧。其中AC – AC 串列双弧宜采用图4.6(b)、(c)所示的两种电源供电方式,它们将分别使前后电弧的电流产生相位差,从而使串列电弧彼此作用力减小,以利于焊接过程稳定进行。④为使焊丝送达厚板窄坡口底层,需设计能插入坡口内的专用窄焊嘴,焊丝干伸长度常为50～75 mm,以获得较高熔敷速率。⑤ 要采用专用焊剂,其颗粒度一般较细,脱渣性应特好,为满足高强韧性焊缝金属性能,大多采用高碱度烧结型焊剂。⑥ 为保证焊丝和电弧在深而窄坡口内的正确位置,采用自动跟踪控制。

4.3.3　影响焊缝形状、性能的因素

埋弧焊主要适用于平焊位置的焊接,如果采用一定工装辅具也可以实现角焊和横焊位置的焊接。埋弧焊时影响焊缝形状和性能的因素主要是焊接工艺参数、工艺条件等。本节主要讨论平焊位置的情况。

1. 焊接工艺参数的影响

影响埋弧焊焊缝形状和尺寸的焊接工艺参数有焊接电流、电弧电压、焊接速度和焊丝直径等。

2. 焊接电流

当其他条件不变时,增加焊接电流对焊缝熔深的影响,如图 4.9 所示,无论是 Y 形坡口还是 I 形坡口,正常焊接条件下,熔深与焊接电流变化成正比,电流对断面形状的影响,如图 4.10 所示。电流小,熔深浅,余高和宽度不足;电流过大,熔深大,余高过大,易产生高温裂纹。

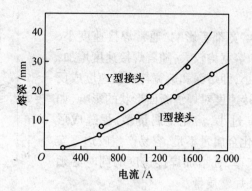

图4.9 焊接电流与熔深的关系(φ4.8 mm)

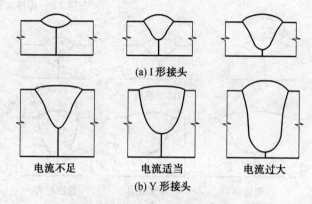

(a) I 形接头

电流不足 电流适当 电流过大

(b) Y 形接头

图4.10 焊接电流对焊缝断面形状的影响

3. 电弧电压

电弧电压和电弧长度成正比,在相同的电弧电压和焊接电流时,如果选用的焊剂不同,电弧空间电场强度不同,则电弧长度不同。如果其他条件不变,改变电弧电压对焊缝形状的影响如图4.11所示。电弧电压低,熔深大,焊缝宽度窄,易产生热裂纹;电弧电压高时,焊缝宽度增加,余高不够。埋弧焊时,电弧电压是依据焊接电流调整的,即一定焊接电流要保持一定的弧长才可能保证焊接电弧的稳定燃烧,所以电弧电压的变化范围是有限的。

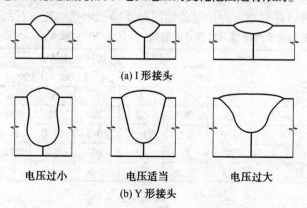

(a) I 形接头

电压过小 电压适当 电压过大

(b) Y 形接头

图4.11 电弧电压对焊缝断面形状的影响

4. 焊接速度

焊接速度对熔深和熔宽都有影响,通常焊接速度小,焊接熔池大,焊缝熔深和熔宽均较大。随着焊接速度增加,焊缝熔深和熔宽都将减小,即熔深和熔宽与焊接速度成反比,如图4.12所示。焊接速度对焊缝断面形状的影响,如图4.13所示。焊接速度过小,熔化金属量多,焊缝成形差;焊接速度较大时,熔化金属量不足,容易产生咬边。实际焊接时,为了提高生产率,在增加焊接速度的同时必须加大电弧功率,才能保证焊缝质量。

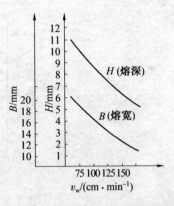

图4.12 焊接速度对焊缝形成的影响

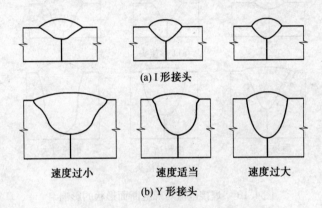

(a) I 形接头

速度过小　　速度适当　　速度过大

(b) Y 形接头

图4.13 焊接速度对焊缝断面形状的影响

5. 焊丝直径

焊接电流、电弧电压、焊接速度一定时,焊丝直径不同,焊缝形状会发生变化。表4.7为电流密度对焊缝形状尺寸的影响,从表中可见,其他条件不变,熔深与焊丝直径成反比关系,但这种关系随电流密度的增加而减弱,这是由于随着电流密度的增加,熔池熔化金属量不断增加,熔融金属后排困难,熔深增加较慢,并随着熔化金属量的增加,余高增加焊缝成形变差,所以埋弧焊时增加焊接电流的同时要增加电弧电压,以保证焊缝成形质量。

表4.7 电流密度对焊缝形状尺寸的影响 ($U = 30 \sim 32$ V,$v_w = 33$ cm/min)

项目	焊接电流 /A							
	700 $\sim$ 750			1 000 $\sim$ 1 100			1 300 $\sim$ 1 400	
焊丝直径 /mm	6	5	4	6	5	4	6	5
平均电流密度 /($A \cdot mm^{-2}$)	26	36	58	38	52	84	48	68
熔深 H/mm	7.0	8.5	11.5	10.5	12.0	16.5	17.5	19.0
熔宽 B/mm	22	21	19	26	24	22	27	24
形状系数 B/H	3.1	2.5	1.7	2.5	2.0	1.3	1.5	1.3

6. 工艺条件对焊缝成形的影响

（1）对接坡口形状、间隙的影响

在其他条件相同时,增加坡口深度和宽度,焊缝熔深增加,熔宽略有减小,余高显著减小,如图 4.14 所示。在对接焊缝中,如果改变间隙大小,也可以调整焊缝形状,同时板厚及散热条件对焊缝熔宽和余高也有显著影响,见表 4.8。

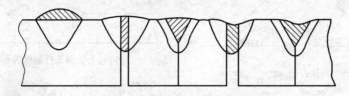

图 4.14 坡口形状对焊缝成形的影响

表 4.8 焊缝间隙对对接焊尺寸的影响

工艺参数				熔深 /mm			熔宽 /mm			余高 /mm			熔合比 /%		
板厚 /mm	电流 /A	电弧电压 /V	焊接速度 /(cm·min⁻¹)	间隙 /mm											
				0	2	4	0	2	4	0	2	4	0	2	4
12	700 ~ 750	32 ~ 34	50	7.5	8.0	7.5	20	21	20	2.5	2.0	1.0	74	64	57
			134	5.6	6.0	5.5	10	11	10	2.0	—	—	71	61	46
20	800 ~ 850	36 ~ 38	20	10.0	9.5	10.0	27	27	27	3.0	2.0	2.5	60	57	52
			33.4	11.0	11.5	11.0	23	22	22	3.5	2.5	1.5	63	58	49
			134	6.5	7.0	7.0	11	11	10	2.5			72	61	45
30	900 ~ 1 000	40 ~ 42	20	10.5	11.0	10.5	34	33	35	3.5	3.0	2.5	61	59	55
			33.4	12.0	12.0	11.0	30	29	30	3.0	2.0	1.5	67	63	59
			134	7.5	7.5	7.5	12	12	12	1.5			72	72	60

（2）焊丝倾角和工件斜度的影响

焊丝的倾斜方向分为前倾和后倾两种,如图 4.15 所示。倾斜的方向和大小不同,电弧对熔池的吹力和热的作用就不同,对焊缝成形的影响也不同。图 4.15(a) 为焊丝前倾,图4.15(b) 为焊丝后倾。焊丝在一定倾角内后倾时,电弧力后排熔池金属的作用减弱,熔池底部液体金属增厚,故熔深减小。而电弧对熔池前方的母材预热作用加强,故熔宽增大。图 4.15(c) 是后倾角对熔深、熔宽的影响。实际工作中焊丝前倾只在某些特殊情况下使用,例如焊接小直径圆筒形工件的环缝等。

工件倾斜焊接时有上坡焊和下坡焊两种情况,它们对焊缝成形的影响明显不同,如图4.16 所示。上坡焊时(图 4.16(a)、(b)),若斜度 $\beta > 6° ~ 12°$,则焊缝余高过大,两侧出现咬边,成形明显恶化,实际工作中应避免采用上坡焊。下坡焊的效果与上坡焊相反,如图 4.16(c)、(d) 所示。

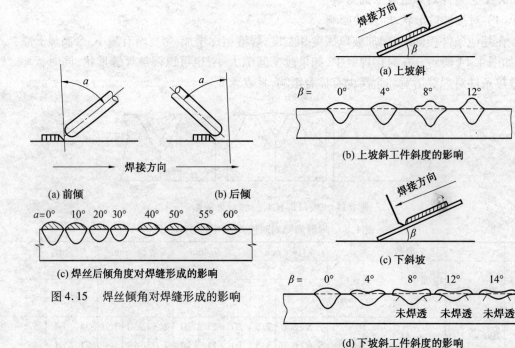

图 4.15 焊丝倾角对焊缝形成的影响

图 4.16 工件斜度对焊缝形成的影响

7. 焊剂堆高的影响

埋弧焊焊剂堆高一般为 25 ~ 40 mm,应保证在丝极周围埋住电弧。当使用黏结焊剂或烧结焊剂时,由于密度小,焊剂堆高比熔炼焊剂高出 20% ~ 50%。焊剂堆高越大,焊缝余高越大,熔深越浅。

8. 焊接工艺条件对焊缝金属性能的影响

当焊接条件变化时,母材的稀释率、焊剂熔化比率(焊剂熔化量／焊丝熔化量)均发生变化,从而对焊缝金属性能产生影响,其中焊接电流和电弧电压的影响较大。图4.17 ~ 图4.19 给出了焊接电流、电弧电压和焊接速度对焊剂熔化比率的影响。由于焊剂熔化比率的变化,焊缝金属的化学成分、力学性能均发生变化,特别是烧结焊剂中合金元素的加入对焊缝金属化学成分的影响

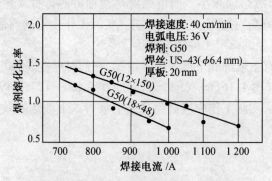

图 4.17 焊接电流对焊剂熔化比率的影响

最大。图 4.20 ~ 图 4.22 给出各种焊接条件变化时对焊缝金属 Mn、Si 含量的影响。

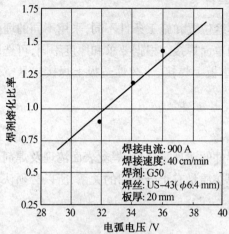

图 4.18　电弧电压对焊剂熔化比率的影响

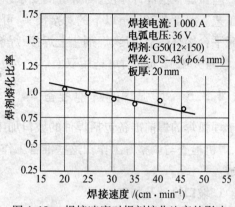

图 4.19　焊接速度对焊剂熔化比率的影响

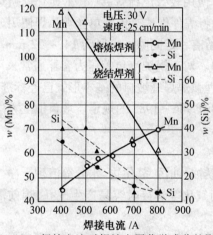

图 4.20　焊接电流对焊缝金属化学成分的影响

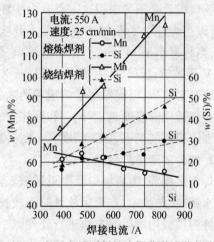

图 4.21　电弧电压对焊缝金属化学成分的影响

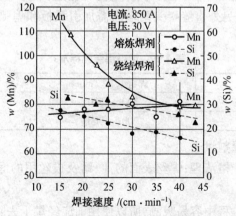

图 4.22　焊接速度对焊缝金属化学成分的影响

4.3.4　埋弧焊实施方法及工艺参数选择

埋弧焊根据焊件厚度、对焊缝的要求以及焊缝位置和施工条件不同,采用不同的埋弧焊工艺。厚度在20 mm以下的对接接头,可采用单面焊接。根据要求和厚度不同,可选用电磁平台熔剂垫上焊接、焊剂垫上焊接、焊剂铜垫板上焊接、永久性垫板上焊接或悬空焊接,板厚大于12 mm时可选用双面焊。

4.3.5　埋弧焊的焊前准备

埋弧焊的焊前准备包括焊件的坡口加工、焊件的清理与装配、焊丝表面清理及焊剂烘干、焊机检查与调整等工作。这些准备工作与焊接质量有十分密切的关系,所以必须认真完成。

1. 坡口设计及加工

同其他焊接方法相比,埋弧焊接母材稀释率较大,母材成分对焊缝性能影响较大,埋弧焊坡口设计必须考虑到这一点。由于埋弧焊可使用较大电流焊接,电弧具有较强穿透力,所以当焊件厚度不太大时,一般不开坡口也能将焊件焊透。依据单丝埋弧焊使用电流范围,当板厚小于14 mm,可以不开坡口,装配时留有一定间隙。板厚为14 ~ 22 mm,一般开V形坡口;板厚22 ~ 50 mm时,开X形坡口。对于锅炉汽包等压力容器通常采用U形或双U形坡口,以确保底层熔透和消除夹渣。埋弧焊焊缝坡口的基本形式已经标准化,各种坡口适用的厚度、基本尺寸和标注方法见GB/T 986—1988的规定。坡口加工方法常采用刨边机和气割机,加工精度有一定要求。

2. 焊件的清理与装配

焊件装配前,需将坡口及附近区域表面上的锈蚀、油污、氧化物、水分等清理干净。坡口内水锈、夹杂铁末,点焊后放置时间较长而受潮氧化等焊接时容易产生气孔,焊前需提高工件温度或用喷砂等方法进行处理。

焊件装配时必须保证接缝间隙均匀,高低平整不错边,特别是在单面焊双面成形的埋弧焊中更应严格控制。埋弧焊要求接头间隙均匀无错边,装配时需根据不同板厚进行定间距、定位焊,见表4.9。另外直缝接头两端尚需加引弧板和熄弧板,以减少引弧和引出时产生缺陷。

表 4.9　埋弧焊装配标准

板厚 t/mm	焊缝长度 /mm	定位长度 /mm
< 25	300 ~ 500	50 ~ 70
< 25	200 ~ 500	70 ~ 100

3. 焊丝表面清理与焊剂烘干

埋弧焊用的焊丝要严格清理,焊丝表面的油、锈及拔丝用的润滑剂都要清理干净,以免污染焊缝造成气孔。

焊剂在运输及储存过程中容易吸潮,所以使用前应经烘干去除水分。

习 题 4

4.1 为什么埋弧焊的焊接质量优于焊条焊?

4.2 埋弧焊用的交流电源和直流电源有哪些适用范围?

4.3 焊剂垫起什么作用?

第 5 章　　熔化极气体保护焊

5.1　熔化极气体保护焊原理与特点

5.1.1　熔化极气体保护焊的原理

熔化极气体保护焊就是焊丝与母材在特定保护气氛中形成电弧,焊丝和母材均熔化的焊接方法。与焊条电弧焊和埋弧焊不同的是,熔化极气体保护焊对电弧和熔池的保护采用的是特定的气体,没有熔渣。图 5.1 是熔化极气体保护焊的工作原理。焊丝由送丝机匀速送出,电源通过导电嘴为焊丝供电,保护气体从导电嘴和喷嘴间均匀喷出,笼罩电弧和熔池,在保护气形成的电弧热的作用下,母材熔化形成熔池,焊丝熔化进行过渡。随着电弧的移动,熔池凝固形成焊缝。

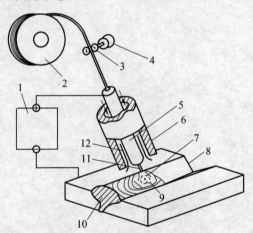

图 5.1　熔化极气体保护焊的工作原理

1— 电源;2— 焊丝盘;3— 送丝轮;4— 送丝电极;5— 导电嘴;6— 气体喷嘴;
7— 电弧;8— 母材;9— 熔池;10— 焊缝;11— 焊丝;12— 保护气

5.1.2　熔化极气体保护焊方法

按照使用保护气种类不同,熔化极气体保护焊分为熔化极惰性气体保护焊(Metal Inert Gas Arc Welding, MIG 焊)、熔化极活性气体保护焊(Metal Active Gas Arc Welding, MAG 焊)和二氧化碳气体保护焊。其中,MIG 焊采用的保护气为惰性气体或还原性气体,包括氩气(Ar)、氦气(He)、氮气(N_2) 等,可以是单一气体,也可以是混合气体。MAG 焊采用的保护气是包含了活性气体(O_2、CO_2 等) 的混合气体。

按照自动化程度的不同,熔化极气体保护焊分为半自动焊、机械化焊接和全自动焊接。因为焊接过程中焊丝自动送进,弧长自动调节,所以,手持焊枪进行的焊接是半自动气体保护焊。将焊枪固定于自动移动的机械装置上的焊接为机械化焊接。将焊枪与焊接机器人组合在程序控制下进行的焊接是全自动焊接。

5.1.3 熔化极气体保护焊的适用范围

1. 可焊的材料种类

选用不同的保护气,熔化极气体保护焊可焊各种金属材料,包括碳钢、低合金钢、中合金钢、不锈钢、铝合金、钛合金、铜合金等,其中,CO_2 气体保护焊适合焊接碳钢、低合金钢,MIG 焊适合焊接不锈钢、有色金属,MAG 焊适合焊接低合金钢、中合金钢、不锈钢等。

2. 适用的结构类型

熔化极气体保护焊可以是手工操作,也可以实现机械化和自动化焊接,对生产批量的适应性强,因此,可以焊接各种类型的焊接头和各种长度及形状的焊缝。在造船、锅炉与压力容器、建筑钢结构、汽车、轨道车辆、重型装备等领域有广泛的应用。

3. 适用的板厚

由于熔化极气体保护焊可以选用小电流稳定工作,所以,可以焊接薄板(1 mm),也可以适用较大电流(400 A)焊接中、厚板。

5.1.4 熔化极气体保护焊的特点

1. 熔化极气体保护焊的优势

(1)与焊条焊相比,焊丝自动送进,弧长自动控制,焊接过程稳定;

(2)与埋弧焊和焊条焊相比,气体保护熔池和电弧,无需清理熔渣,节省大量辅助时间,基本不会产生夹渣缺陷;

(3)与埋弧焊相比,可进行空间全位置焊接,可焊的材料不受限制。焊件厚度范围宽,可焊薄板(1 mm)和中、厚板。操作灵活,可达性好。

2. 熔化极气体保护焊的不足

(1)与焊条焊相比,设备投入大;

(2)与埋弧焊和焊条焊相比,保护气抗风能力差,不适合户外有风环境作业;

(3)因受到喷嘴尺寸的影响,因此,与焊条焊相比,狭小空间焊缝的可达性不好;

(4)因为采用的是气体保护,并且是熔化极焊接,所以,与焊条焊和埋弧焊相比,电弧稳定性差,有飞溅。

5.2 熔化极气体保护焊设备及保护气体

5.2.1 熔化极气体保护焊的设备

用于熔化极气体保护焊的设备由电源、送丝机、焊枪、供气系统、冷却系统和控制系统六个部分组成,如图 5.2 所示。GB 10249《电焊机型号编制方法》中规定了用于熔化极气体保护焊的电焊机型号,比如 NBC400 型焊机,是指额定电流400 A的,用于 CO_2 气体保护焊的半自动焊机。目前比较先进的焊接设备将控制系统和冷却系统整合在电源箱中。下面着重介绍电源、焊枪和送丝机。

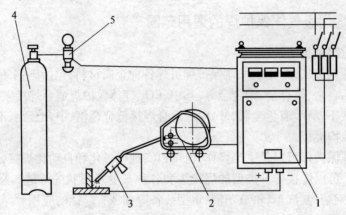

图 5.2 熔化极气体保护焊的设备
1— 电源(控制系统、冷却系统);2— 送丝机;3— 焊枪;4— 气瓶;5— 压力表和流量计

1. 电源

在熔化极气体保护焊设备系统中,电源即为电弧提供电力,也为送丝机、控制系统及冷却系统提供动力,其技术核心是为电弧供电的部分。因熔化极气体保护焊采用的是气体保护熔池和电弧,电弧稳定性差,所以需要采用直流电源。按照结构形式和工作原理的不同,目前常用的电源有晶闸管整流电源、晶体管整流电源和逆变式电源等几种。

晶闸管整流电源的控制性能好,选择不同的反馈方式(电流反馈或电压反馈) 和反馈深度,即可获得需要的外特性。电源的电磁惯性小,响应速度快,既适用于普通焊接过程,也适用于脉冲焊。电参数(电压、电流)调节范围大,可以实现遥控。电源输出功率小,节约能源。

晶体管整流电源控制精度高,适应性强,输出稳定,体积小,重量轻,能耗低。

逆变式电源是目前最先进的弧焊电源,由于适用了高频逆变电路,电源的体积小,重量轻,能耗低,响应速度快,动特性平稳。

这些电源的外特性有陡降特性、恒流特性和恒压特性三种,其外特性曲线如图 5.3 所示。由于熔化极气体保护焊电弧静特性曲线呈上升趋势,为此,上述三种外特性均适合稳定焊接。对于直径在 $\phi 0.8 \sim \phi 2.4$ mm 的焊丝,采用陡降特性或平特性(恒压特性) 电源配合等速送丝系统,可以平稳控制弧长,确保焊接过程的稳定。对于直径在 $\phi 2.4$ mm 以上的焊丝,需要配合变速送丝系统,采用恒流特性电源进行焊接。

2. 送丝机

送丝机是通过电机驱动送丝轮再驱动焊丝运动从而使焊丝匀速或变速送进的机构。一种典型的送丝机结构如图 5.4 所示。

按照适用的工作条件不同,送丝机的基本构造有推丝式、拉丝式、推拉式和加长推丝

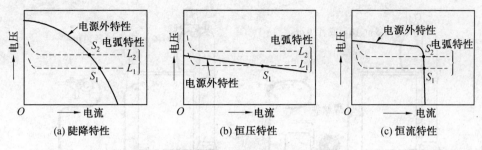

图 5.3 熔化极气体保护焊电源外特性类型

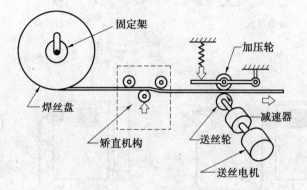

图 5.4 典型送丝机构造示意图

式四种形式。

推丝式送丝机如图 5.5(a)所示。适合直径在 $\phi 0.8 \sim \phi 2.0$ mm 的焊丝,目前应用最为广泛。因为送丝驱动机构独立于焊枪,所以焊枪结构简单、重量轻,大大减轻了操作者的劳动强度。其不足之处是送丝距离短,焊枪长度一般不超过 5 m。

拉丝式送丝机如图 5.5(b)所示。其送丝驱动机构位于焊枪端部,尽管其焊丝盘很小,焊丝重量不超过 1 kg,但是依然增加了操作者的劳动强度,所以更适合进行机械化或自动化焊接。这种送丝机适合直径不超过 $\phi 0.8$ mm 的焊丝,焊枪允许长度达到 20 ~ 30 m。

推拉式送丝机如图 5.5(c)所示。其构造是将推丝式和拉丝式送丝系统组合,目的在于提高送丝距离。这种送丝系统结构最为复杂,操作者劳动强度大,因此不适合手工操作,更适合进行自动化焊接。

加长推丝式送丝机如图 5.5(d)所示。其构造也是组合了推丝式和拉丝式送丝机的功能,与推拉式机构不同的是,其拉丝机构设置在送丝软管中间,而不是在焊枪端部,既能增加送丝距离,又不增加操作者劳动强度。送丝软管可以达到 20 m。

这里还要单独介绍一下送丝滚轮。送丝滚轮一般有驱动轮(加压轮)和导向轮(矫直轮)两组。因焊丝的性质不同,送丝轮有平轮、V 形轮、牙轮等。一般输送碳钢和低合金钢焊丝用 V 形轮,输送不锈钢焊丝用牙轮,输送铝合金焊丝用平轮。送丝轮形状和压紧力的选用,要保证送丝顺畅,又不能损伤焊丝表面,以免造成送丝软管堵塞。

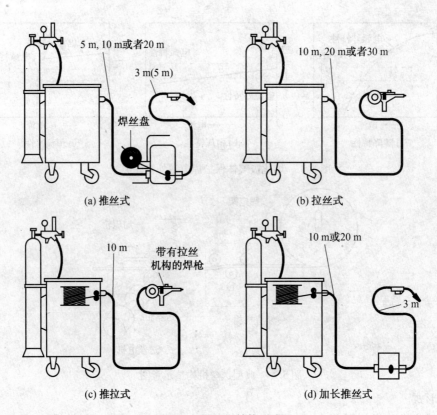

图 5.5　送丝机结构形式

3. 焊枪

熔化极气体保护焊用焊枪按其结构形式分为鹅颈式和手持式。按照送丝方式分为推丝式和拉丝式;按照冷却方式分为水冷式和气冷式。图 5.6 为典型的鹅颈式焊枪枪头构造图。

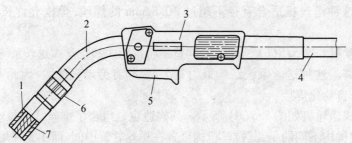

图 5.6　鹅颈式焊枪枪头构造

1—喷嘴;2—鹅颈管;3—手柄;4—电缆;5—开关;6—绝缘接头;7—导电嘴

喷嘴提供保护气体的通道,使气体均匀流出进入焊接区。喷嘴内孔有圆柱形和圆锥形两种,如图 5.7 所示。其中圆柱形喷嘴气体层流距离长,保护效果好。圆锥形喷嘴前端直径小,适合进行坡口内焊接。

导电嘴为焊丝供电,因此其导电性要好,通常用紫铜制造。导电嘴内孔与焊丝之间要

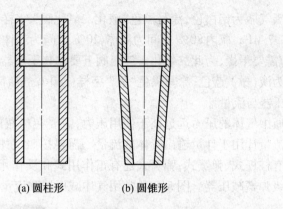

(a) 圆柱形   (b) 圆锥形

图 5.7 喷嘴内孔形式

保持良好的接触,以保证导电的连续性,又不能过紧,以防送丝不畅。其孔径与焊丝直径的关系见表 5.1。

表 5.1 导电嘴孔径与焊丝直径的配合关系

焊丝直径 d/mm	≤ 0.8	1.0 ~ 1.4	≥ 1.6
导电嘴孔径 D/mm	$d + 0.1$	$d + (0.2 ~ 0.3)$	

4. 供气系统

供气系统包括气源、减压器、流量计、气体软管等,CO_2 气体保护焊还需要干燥器和预热器,如图 5.8 所示。

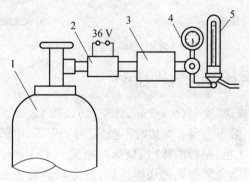

图 5.8 熔化极气体保护焊供气系统组成
1—气瓶;2—预热器;3—干燥器;4—减压器;5—流量计

(1) 气源

用于熔化极气体保护焊的气体来源一般有瓶装气和管道气。大型焊接生产企业,因为用气量大,为保证供应,减少辅助生产时间,一般有自己的供气管道。多数企业则选用瓶装气。

国家标准 GB/T 4842—1996《氩》、GB/T 3863—2008《工业氧》,化学工业部标准 GB/T 6052—1993《工业液体二氧化碳》分别对焊接用气体的技术要求进行了明确规定。

氩气瓶为银灰色,涂写深绿色"氩"字样。40 L 气瓶满瓶氩气压力为 15 MPa,纯度要求 99.9% ~ 99.999%。

二氧化碳气瓶为铝白色,涂写黑色"液化二氧化碳"字样。40 L气瓶满瓶液化二氧化碳压力为5～7 MPa,瓶内80%空间为液体,20%空间为气体。液化二氧化碳含有0.05%的水,使用前需要干燥,为此二氧化碳气瓶阀上要加装干燥器。

氧气瓶为淡(酞)蓝色,涂写黑色"氧"字样。40 L气瓶满瓶氧气压力为15 MPa。

(2)减压器与流量计

因为气瓶中气体的压力远远高于使用压力,需要在气瓶阀处安装减压器以降低气体输出压力。流量计用于计量输出气体的流量。需要按照气体性质选用专用的减压器,减压器的构造有杠杆式、弹簧式,弹簧式还有正作用式和反作用式、单级式和双级式等。最常用的是单级弹簧减压器。图5.9是常用气体减压器和流量计。

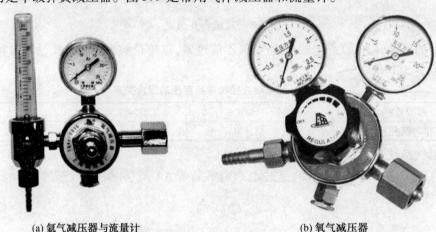

(a) 氩气减压器与流量计   (b) 氧气减压器

图5.9　常用气体减压器和流量计

5.2.2　熔化极气体保护焊的保护气

焊接用氩气无色无味,密度1.66 kg/m³,比空气(1.29 kg/m³)重。惰性气体,不与其他物质发生化学反应,不溶于金属。焊接时不吸热,易于引弧,电弧稳定而安静,无飞溅。焊接用二氧化碳(CO_2)无色,略带酸味(酒精味),密度1.83 kg/m³,比空气重。在电弧热作用下易分解,并参与液态金属的氧化还原反应,具有较强的氧化性。焊接用氧气(O_2)为无色无味气体,密度1.43 kg/m³,比空气重。氧气自身不燃烧,但是助燃。存放氧气的空间里氧气浓度达到23%将会发生爆炸,需要良好的通风。油脂与2.94 MPa以上的氧气接触并达到燃点时,极易自燃并引起爆炸,因此,氧气容器严禁接触油脂。气瓶必须远离火源、热源5 m以上。严禁撞击气瓶,瓶外必须有防撞胶圈。

5.3　熔化极气体保护焊工艺

5.3.1　焊前准备

焊前准备包括接头设计、坡口的加工与清理、工装准备、设备检查等工作。

所有适用于电弧焊的接头形式和坡口形式,均适用于熔化极气体保护焊。接头形式包括对接、搭接、角接和T型接头。坡口有V形、双V型、U形、K形等形式。实际的焊接结构中,角接接头很少采用,因为这种接头形式存在较明显的应力集中,其承载能力差。其次是搭接接头,同样因为这种接头存在应力集中倾向,在重要的结构中很少采用。应用最多的接头形式是对接接头和T型接头。对接接头无应力集中,整体性最好,T型接头可以无限扩大结构空间尺寸,可承受各方向载荷。

坡口的加工方法有机械加工、火焰切割、等离子弧切割等。采用哪种加工方法,均需要达到规定的尺寸精度和表面粗糙度。经火焰切割或等离子切割后的坡口,还要经切削加工去除表面的氧化皮、熔渣及裂纹等缺陷。接头组装前要清理坡口中心两侧 25 mm 以上的表面,去除锈、油、氧化皮等污物。去除的方法可以用砂轮打磨、钢丝刷打磨、化学清洗等。

对于具有一定复杂程度、尺寸较大或批量较大的焊接结构,要设计制作专门用于焊件定位和固定的工艺装备。工装要确保易于焊件的组装、定位和焊接过程中变形的控制。对于批量生产的焊件,工装还要考虑通用性,以降低制造成本,提高工效。工装中装卡、固定的部分多采用气动元件,这种结构响应速度快、夹紧力大,易于控制。

焊前的设备检查对于顺利完成焊接至关重要。设备检查包括供电、供气、冷却水、送丝等是否正常,焊丝牌号与规格、保护气种类与流量是否与焊件匹配,焊丝干伸长度是否合适,喷嘴内壁是否干净,等等。

5.3.2　焊接工艺参数

熔化极气体保护焊的工艺参数包括焊丝直径、电参数(电流、电压)、保护气流量、焊接速度、焊丝干伸长度、焊丝倾角等。焊缝焊接前,要对焊件进行定位焊接。定位焊接使用的工艺参数应与焊缝焊接相同,其中电流应为焊缝焊接的110% ~ 115%,因为定位焊时焊件温度低,需要较大的热输入使其熔透,以免出现未焊透的缺陷。下面针对几种典型的熔化极气体保护焊方法介绍焊接工艺要点。

5.3.3　半自动焊接的操作要领

由于熔化极气体保护焊是自动送丝,因此,手工操作焊接属于半自动气体保护焊。与焊条电弧焊相比,除了焊丝是自动送进,电弧长度自动控制以外,半自动操作需要掌握必要的操作要领,才能获得合格的焊缝。

1. 左焊法与右焊法

以平焊位置为例,左焊法又称前进焊法,右焊法又称后退焊法,如图 5.10 所示。焊枪(焊丝)向着前进方向倾斜为右焊法,反之为左焊法。

由于熔化极气体保护焊是靠气体保护电弧和熔池,气流容易受到流动的空气(风)的影响,而其中的左焊法抗风能力好于右焊法。因此,实际生产中,多数情况下采用左焊法进行焊接。另一方面,左焊法电弧始终指向待焊母材,需要对待焊部位进行预热然后形成熔池,因此比右焊法的熔深浅一些。

2. 引弧与收弧

与焊条电弧焊不同的是,熔化极气体保护焊引弧、收弧是在操作者按动焊枪开关后焊机自动进行的,所以不能通过焊丝与焊件的敲击或划擦进行引弧,也不能在焊接结束时直接提起焊枪。

以平焊位置不加摆动的操作为例,在引弧前,需将焊枪调整到焊接所需的姿态,即焊枪相对于工件的倾角、喷嘴与焊件的距离需要自始至终保持一致,中途不能有明显的变化。按动开关,焊机会自动送气,排开空气,几秒钟后自动送丝。当焊丝接触到工件后,自动送电。焊丝与工件接触点的电阻热使焊丝迅速受热熔化,进而爆断引燃电弧。电弧形成熔池后,移动焊枪进行焊接。

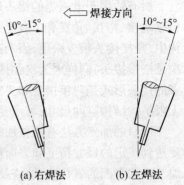

图 5.10 左焊法与右焊法

(a) 右焊法　　(b) 左焊法

在焊缝焊接过程中,要保持焊枪姿态不变,并且是匀速移动焊枪。收弧时,要填满弧坑。可在收弧点停留 2 ～ 3 s,然后按动开关,此时焊机会自动停电,然后停止送丝,电弧熄灭。但此时不能急于提起焊枪,因为收弧点的焊缝金属仍处于高温状态,焊机还要延迟几秒钟停止送气,以继续保护焊缝。当停止送气后,才可以提起焊枪。

5.3.4　CO_2 气体保护焊

CO_2 气体保护焊是利用 CO_2 气体作为保护气进行的电弧焊。由于 CO_2 气体具有强烈的氧化性,因此,这种焊接方法只适合碳钢、低合金钢(低合金结构钢、低合金耐热钢等)等材料的焊接,可以进行空间位置焊接,既可以焊接薄板,也可以焊接厚板。薄板焊接时,选用细焊丝($\phi0.8$ mm)、小电流,通过短路过渡降低线能量,确保小的焊接变形。焊接中、厚板时,选用较粗焊丝($\phi1.0$ mm 以上)配合大电流,通过混合过渡或颗粒过渡确保母材熔透和高的熔覆效率。

在 5.2.2 节中介绍过,CO_2 气体具有较强的氧化性,会造成母材及焊材中合金元素的烧损。也正是因为其氧化性,焊缝金属中的氢含量很低,其抗裂性能好,因而,CO_2 气体保护焊是一种低氢型的焊法,而合金元素的烧损可以通过脱氧和合金化进行弥补。

1. CO_2 气体保护焊的冶金过程

在电弧热的作用下,CO_2 气体会发生分解,分解产物与液态金属发生氧化还原反应,这是 CO_2 气体保护焊区别于其他气体保护焊的明显特征。

(1)CO_2 气体的分解

$$2CO_2 \longrightarrow 2CO + O_2 \qquad\qquad (5.1)$$

$$O_2 \longrightarrow 2O \qquad\qquad (5.2)$$

图 5.11 是在一个标准大气压下,非电弧环境二氧化碳气体分解时气体平衡组成。从图中可以看出,当温度超过 3 400 K 时,O_2 分压超过了 CO_2 分压。电弧环境虽然达不到平衡状态,但是其温度很高,仍然有 40% ～ 60% 的 CO_2 发生了分解。

（2）合金元素的氧化

带有强氧化性的气体与熔融金属中的铁及其他元素发生氧化反应，造成合金元素的烧损。

$$Fe + CO_2 \longrightarrow FeO + CO$$
$$Si + 2CO_2 \longrightarrow SiO_2 + 2CO$$
$$Mn + CO_2 \longrightarrow MnO + CO$$

上述氧化反应发生于熔池周围未熔化的高温区域或凝固的焊缝表面，属于表面氧化。其激烈程度较低，对电弧的稳定性和焊缝金属的成分影响较小。

二氧化碳分解出来的氧原子或氧分子，会在熔滴、熔池的内部与合金元素发生氧化反应。

$$Fe + O \longrightarrow FeO$$
$$Si + 2O \longrightarrow SiO_2$$
$$Mn + O \longrightarrow MnO$$
$$C + O \longrightarrow CO$$

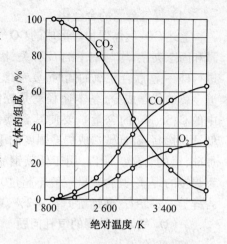

图 5.11 CO_2 气体的分解与气体组成

这些氧化反应造成合金元素的烧损，其中的 MnO、SiO_2 等产物，因其密度低，会作为熔渣上浮除去。CO 气体不溶于液态金属，会向外逸出，造成熔滴、熔池金属的爆炸，形成液态金属的飞溅。如果气体逸出不充分，将被凝固的金属包围形成气孔。

（3）脱氧反应

上述氧化反应的结果是造成焊缝金属中有益元素的烧损，使其力学性能下降，为此，必须采取措施脱氧。选择脱氧剂的原则是保证脱氧元素与 O 的亲和力大于 Fe，才能使其将氧从 FeO 中置换出来，这些元素还应先于 C 与 O 发生反应，以避免气孔、飞溅的产生。有效而常用的脱氧元素是 Si、Mn、Ti、Al 等。

$$FeO + Si \longrightarrow Fe + SiO_2$$
$$FeO + Mn \longrightarrow Fe + MnO$$

脱氧产物 SiO_2、MnO 等物质的密度比液态金属低，会上浮成为熔渣除去。需要注意的是，如果单独用 Si 脱氧，SiO_2 的熔点较高（1 983 K），颗粒细小，不易聚集成熔渣上浮；如果单独用 Mn 脱氧，Mn 与氧的亲和力不够大，且生成物 MnO 的密度较大（5.11 g/cm^3），也不易形成熔渣上浮。最有效的是实施 Si - Mn 联合脱氧。

研究表明，液态钢水中脱氧反应生成物成分随着 Si、Mn 的含量不同而发生变化，如图 5.12 所示。图中区域 I 生成物为单一的 SiO_2，区域 III 生成物为 FeO - MnO 固溶体，这些物质的熔点均高于钢水的熔点，不易形成熔渣，而容易造成固态夹杂。区域 II 生成物为 FeO - MnO - SiO_2 溶液，该溶液在钢水中聚集长大上浮成渣去除。可见，通过合理调整硅、锰的比例，使焊缝金属的成分位于区域 II 可以获得良好的脱渣效果。焊缝金属的化学成分可以通过熔敷金属进行过渡，比如焊接低合金钢的 H08Mn2SiA 就是基于这个原理研制的，具有良好的脱氧、脱渣效果。

（4）焊缝金属的合金化

上述 CO_2 气体保护焊形成的 CO 气孔、飞溅和固态夹杂，均与钢中的 C 有关，因此，在进行硅－锰联合脱氧的同时，要考虑控制焊缝金属的化学成分，基本途径就是控制焊丝中的 C、Si、Mn 的含量。要使其含碳量尽量低，同时为弥补低碳造成焊缝强度的下降，增加硅、锰的含量。所以，用于低碳钢、低合金钢焊接的焊丝，其含碳量一般不超过0.15%，含硅量 1% 左右，含锰量 1% ~ 2%。

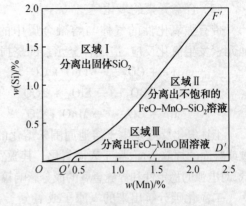

图 5.12　钢水中硅、锰成分与脱氧生成物的关系

2. CO_2 气体保护焊的气孔问题

（1）N_2 气孔

当 CO_2 气体保护不良时，空气侵入电弧空间，空气中的 N_2 在电弧作用下分解 $N_2 \longrightarrow 2N$，N 原子会溶于液态金属，原子聚集成为 N_2。当金属温度下降时，N_2 的溶解度急剧降低，向外逸出。如果逸出不充分，就会形成 N_2 气孔。如果选取合适的气体流量和合理的操作，N_2 气孔是完全可以避免的。

（2）H_2 气孔

CO_2 气体保护焊中的 H_2 气孔主要来源有两方面：一是焊材、母材中的潮气、油、锈，二是 CO_2 气体中的水分。水或油分解得到 H，H 原子溶入液态金属，聚集后形成 H_2。随着金属温度的降低，其溶解度急剧下降，如果逸出不及时，将会形成气孔。

而对于 CO_2 气体保护焊，电弧使 CO_2 分解出 O，增加了 O 的分压，使 H_2O 分解困难。同时，CO_2 分解的 O 与 H 发生反应，使电弧中的 H 减少。

$$H_2 + CO_2 \longrightarrow H_2O + CO$$
$$H_2 + 2CO_2 \longrightarrow 2OH + 2CO$$
$$H + O \longrightarrow OH$$
$$2H + O \longrightarrow H_2O$$

因此，CO_2 气体保护焊是低氢焊接方法。相对于埋弧焊和氩弧焊，对水分不敏感。但是，不等于可以无视水分的存在，因为水汽的存在，也可能会产生气孔，所以还是要通过干燥装置去除 CO_2 气体中的水分，并清理坡口。

（3）CO 气孔

CO 气孔的产生原因与 N_2 气孔和 H_2 气孔不同。后两者是因为气体分解得到的 N 和 H 在高温下溶解到液态金属中，随着温度的降低逸出不充分形成的。前者则是如式（5.4）所示，CO_2 分解出的 O 进入液态金属与其中的 C 发生反应得到 CO，CO 不溶于液态金属向外逸出不充分形成的。当填充金属中含有足够多的 Si、Mn 元素时，可以抑制 O 与 C 的反应，有效消除 CO 气孔。

3. CO_2 气体保护焊的熔滴过渡

因焊丝直径、电流、电弧电压（弧长）的不同，CO_2 气体保护焊会出现不同形式的熔滴过渡,但不是所有的熔滴过渡形式都适合焊接。图 5.13 所示的是焊丝直径 1.6 mm 时不同电参数条件下的熔滴过渡形式。

图中 A 区,电流很小,弧长很长,熔滴很大,不易脱落,无法形成连续的焊道。如果缩短电弧长度,又容易出现固态短路(俗称"粘丝")。因此,这种熔滴过渡形式不适合焊接生产。

图中 B 区,电流增大,但仍未较低值,电压有所降低(17 ~ 21 V),可以形成频率较高的短路过渡,熔滴过渡稳定。适合采用 ϕ1.2 mm 以下的焊丝焊接 5 mm 以下的薄板和空间位置焊接。

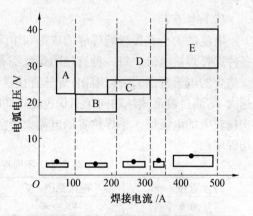

图 5.13　CO_2 气体保护焊熔滴过渡区间

图中 C 区,电流和电压较短路过渡均有所提高,处于中等电流区,表现出短路和颗粒的混合过渡形式,二者比例因电压、电流的匹配有所变化。这种过渡形式虽然飞溅较大,但热效率较高,适合焊接中等厚度的工件。

图中 D 区,电流仍处于中等大小,电压有所提高,呈现大颗粒过渡,飞溅较大,不实用。

图中 E 区,大电流、高电压,呈现细颗粒过渡,飞溅小,熔深大,适合焊接厚板。

4. CO_2 气体保护焊的焊接工艺参数

(1)焊丝种类与规格

CO_2 气体保护焊适合焊接碳钢和低合金钢,焊丝为碳钢和低合金钢焊丝。GB 8110《气体保护电弧焊用碳钢、低合金钢焊丝》规定了碳钢、低合金钢焊丝的技术条件。用于 CO_2 气体保护焊的焊丝型号有 ER49 系列、ER50 和 ER55 - D2 系列。其中"ER"表示焊丝,后面的两位数字表示熔敷金属的最低抗拉强度,单位 MPa,比如"49"表示熔敷金属抗拉强度为 490 MPa。"-"后面的符号为其特殊化学成分标记。

因为碳钢、低合金钢焊丝的电阻率大,耐蚀性差,所以,焊丝在生产过程中表面要电镀一层铜,一方面防止焊丝生锈,另一方面提高其导电性,还可以使其表面保持光滑,易于送丝。

焊丝直径一般根据母材板厚和焊接位置选择。板厚越大,焊丝直径越粗。平焊位置相对于空间位置允许使用较粗的焊丝配合大电流。表 5.2 列出了常用焊丝直径与板厚的配合关系。

表 5.2　焊丝直径选择依据

焊丝直径 /mm	焊件板厚 /mm	熔滴过渡类型	焊接位置
0.5 ~ 0.8	≤ 3.2	短路过渡	全位置
	2.5 ~ 4.0	射滴过渡	平　焊
1.0 ~ 1.4	2 ~ 8	短路过渡	全位置
	2 ~ 12	射滴过渡	平　焊
1.6	3 ~ 12	短路过渡	全位置
	≥ 8	射滴过渡	平　焊
≥ 2.0	≥ 10	射滴过渡	平　焊

（2）电流 I

电流的大小直接影响焊缝的成形和熔滴过渡。要综合焊丝直径、板厚和焊接位置等条件选择焊接电流。每一种直径的焊丝都有适合的电流范围，表5.3给出了不同直径焊丝适合的电流范围。可以看出，焊丝直径越粗，需要的电流越大，同一种直径的焊丝，电流越大，熔滴过渡形式越趋向于滴状过渡。同时，板厚越大，在焊丝直径不变的情况下，需要选择较大的电流值。平焊位置的电流大于空间位置。其他条件不变的情况下，电流增大，熔深增加。

表5.3 不同直径焊丝的电流范围

焊丝直径/mm	电流范围/A	焊丝直径/mm	电流范围/A
0.6	40 ~ 90	1.2	80 ~ 350
0.8	50 ~ 120	1.6	140 ~ 500
1.0	70 ~ 180	2.0	200 ~ 550

（3）电压 U

电弧电压代表着弧长，它影响熔滴过渡的形式和稳定性。对于 CO_2 气体保护焊，电流在200 A以下时，呈现短路过渡，电流在200 A以上时，呈现滴状过渡。短路过渡时，随着电压的提高，"液桥"变长，飞溅加大。其他条件不变的情况下，电压增大，熔深变浅，熔宽变宽。

短路过渡时，电弧电压的计算式为

$$U = 0.04I + 16 \pm 2 \tag{5.3}$$

滴状过渡时，电弧电压的计算式为

$$U = 0.04I + 20 \pm 2 \tag{5.4}$$

（4）焊接速度 v

焊接速度要与电流 I 和电压 U 配合，以得到良好的焊缝成形。由第2章我们知道，电压、电流等电参数不变的情况下，焊接速度提高，熔深、熔宽、余高等焊缝成形参数均下降。过快的焊接速度，会造成熔合不良、焊道不连续、气孔、夹渣等缺陷。焊接速度过慢，会造成烧穿、气孔等缺陷。

5.3.5 MIG 焊

1. MIG 焊的特点及应用范围

MIG 焊为熔化极惰性气体保护焊（Metal Inert Gas Arc Welding）的英文缩写。是采用惰性气体氩（Ar）或氦（He）或二者的混合气体为保护气进行的熔化极电弧焊。MIG 焊有如下特点：

① 惰性气体无氧化性，不参与液态金属的化学反应，也不溶于液态金属，因此，焊缝金属无烧损，无氧化，无熔渣，无气孔。

② 各种熔滴过渡的情况下几乎无飞溅。

③ 对油、锈比较敏感，因此，对焊件的焊前清理要求更严格。

④ 生产成本要高于 CO_2 气体保护焊。

MIG 焊适合焊接的材料是对氧化感的材料,包括不锈钢、铝合金、镁合金、铜合金、钛合金等。MIG 焊可以实现各种类型的熔滴过渡形式,因此,可以焊接薄板,也可以焊接中厚板,可以进行空间全位置焊接。因这种方法基本无焊接飞溅,因此,可以采用脉冲 MIG 焊焊接薄板,特别是铝合金。

2. MIG 焊设备

与 CO_2 气体保护焊相比,MIG 焊设备有一定区别。其一,因为惰性气体中基本不含有水分,所以 MIG 焊设备不需要气体干燥器;其二,送丝滚轮和送丝软管与 CO_2 气体保护焊设备也有所区别,比如焊接铝合金时,因为铝焊丝硬度低,刚度差,因此,送丝轮不能采用槽型轮和牙轮,要采用平轮;其三,送丝软管也不能采用钢丝软管,要采用尼龙软管。当焊丝直径小于等于 0.8 mm 时,要采用拉丝式焊枪。

3. 铝及铝合金的 MIG 焊

(1) 铝合金的焊接特点

① 导热快,需要能量集中的焊接热源。铝及铝合金的导热系数大约是钢的 5 倍,热量散失很快,因此,要得到充分熔化的熔池,需要电弧热源能量要集中。对于厚板的铝合金,还需要采取预热措施。

② 易氧化,生成的氧化膜影响焊接。铝在室温下的空气里即很容易形成 Al_2O_3 薄膜,在电弧作用下,这种氧化过程进行得更加快速。Al_2O_3 的熔点高达 2 050 ℃,它漂浮于熔池表面,阻隔熔滴与熔池的互溶。因此,MIG 焊铝合金需要采用直流反极性,以发挥其阴极清理作用。

③ 易吸潮,易生成气孔。焊接时生成的 Al_2O_3 膜易于吸附潮气,在电弧热作用下分解出气体,溶于熔池,形成气孔。因此,气孔问题是铝合金焊接的主要问题之一。必须通过严格的焊前清理和合适的工艺规范将气孔控制在允许的范围内。

④ 热膨胀系数大,易产生变形。铝合金的热膨胀系数大约是钢的 2 倍,焊后非常容易产生变形和应力。需要采取反变形、刚性拘束等措施控制变形。同时为减小焊接应力,应采取必要的余热或缓冷措施。

(2) 铝合金的焊接工艺要点

① 焊前准备。铝合金的焊前准备重点在母材表面的清理和焊丝的准备。铝合金在空气中极易生成稳定的氧化膜 Al_2O_3,其熔点高,化学稳定性好,严重阻碍电弧对母材的作用,产生熔合不良的现象。Al_2O_3 还容易吸收水分和杂质,生成带有结晶水的化合物 $Al_2O_3 \cdot H_2O$,导致气孔的出现。

清理氧化膜的方法主要有机械方法和化学方法。机械清理不可用砂轮、砂布和砂纸,因为这些磨料的碎屑会被嵌入铝表面,造成污染,可以用铣削、刮削等方法去除较厚的氧化膜。较薄的氧化膜可以用不锈钢丝刷清理。

常用的化学方法是用酸和碱的溶液进行清洗。可用如下的方法:用 70 ℃ 左右的 5% ~10% 的苛性钠(NaOH)溶液浸泡 0.5 min → 水洗 → 15% 硝酸溶液浸泡 1 min → 水洗 → 干燥。

铝焊丝同母材一样容易氧化、吸附水气和污物,在出厂前要经过严格的清理和包装。

启封的焊丝要尽快用完。

②铝合金焊材选择。GB 10858《铝及铝合金焊丝》规定了铝合金焊丝的技术条件。按照化学成分,铝及铝合金焊丝有纯铝焊丝、铝硅合金焊丝、铝镁合金焊丝。焊丝的牌号以字母"S"开头,后面的元素符号表示焊丝的化学成分,比如 SAlSi - 1 表示铝硅合金焊丝。

纯铝焊丝耐蚀性好,塑性好,焊接性好,强度较低,一般为 80 ~ 110 MPa,适合焊接纯铝。

铝硅合金焊丝焊缝金属强度约为170 ~ 250 MPa,适合焊接铝硅镁合金和易产生热裂纹的热处理强化铝合金。但其熔敷金属的塑性、韧性较差。

铝镁合金焊丝的焊接性、耐蚀性和力学性能均较好。适合焊接铝镁合金及多种铝合金,接头强度可达280 ~ 310 MPa。

③焊接工艺参数。铝合金的 MIG 焊采用直流反极性。根据板厚和焊接位置的不同,铝合金焊接可以采取短路过渡、射流过渡、脉冲过渡等熔滴过渡形式进行焊接。

a.短路过渡工艺。短路过渡适合焊接板厚为 1 ~ 2 mm 的铝合金接头,接头形式和焊接位置不受限制。推荐的工艺参数见表5.4。

表 5.4　铝合金短路过渡焊接工艺参数

板厚 /mm	坡口形状和尺寸	焊接位置	焊缝道数	电流 /A	电压 V	焊接速度 /(mm·min⁻¹)	焊丝直径 /mm	送丝速度 /(mm·min⁻¹)	氩气流量 /(L·min⁻¹)
1		全	1	40	14 ~ 15	500	0.8	—	14
2		平	1	70	14 ~ 15	300 ~ 400			10
2		全	1	70 ~ 85	14 ~ 15	400 ~ 600	0.8	—	15
		平	1	110 ~ 120	17 ~ 18	1 200 ~ 1 400	1.2	5.9 ~ 6.2	15 ~ 18

b.射流过渡工艺。射流过渡是铝合金 MIG 焊中常用的过渡方法。如第 2 章所述,当焊接电流大于临界电流时,会产生射流过渡。而且焊丝直径越粗,临界电流越大,比如焊丝直径分别是 $\phi 1.2$ mm、$\phi 1.6$ mm 和 $\phi 2.4$ mm 时,射流过渡的临界电流分别要达到130 A、170 A 和220 A。射流过渡宜采用恒压外特性电源配合等速送丝系统。

当适当降低电弧电压(减小弧长)时,可以使铝合金的 MIG 焊实现亚射流过渡。此时电弧潜入熔池,弧长不超过8 mm。与射流过渡相比,亚射流过渡有突出的优势:熔池形状由射流过渡的指状变成盆底状,有利于改善力学性能;电压变化时,熔深及熔池形状几乎不变,有利于获得成形均一的焊缝。

实现亚射流过渡的方法是:先调整焊接形成射流过渡,立即加快送丝速度,即可出现轻微的"啪啪"声,便是出现了亚射流过渡。

c.脉冲焊工艺。脉冲焊接容易控制热输入,熔滴过渡均匀,成形美观,适合薄板和空间位置焊接。其电参数包括脉冲电流 $I_{脉}$、基值电流 $I_{基}$、脉冲时间 $t_{脉}$、基值时间 $t_{基}$、脉冲周期 t、脉宽比 $t_{脉}/t$、脉冲频率 f、平均电流 $I_{平}$、电弧电压 U 等。脉冲焊接通常保持基值电流 $I_{基}$ 不变,根据薄厚和焊接位置调整脉冲电流 $I_{脉}$,从而改变平均电流 $I_{平}$。所以,脉冲焊电流参数归结为脉宽比、平均电流和脉冲频率。

d.大电流 MIG 焊工艺。大电流 MIG 焊是铝合金厚板的高效焊接工艺,一般在 25 mm 以上的铝板焊接时采用。采用直径 $\phi 3.2 \sim 5.6$ mm 的粗焊丝,电流为 $500 \sim 1\ 000$ A。

4.不锈钢的 MIG 焊

（1）不锈钢的焊接特点

不锈钢与碳钢物理性能差异较大,导热系数低,线膨胀系数大,电阻率高。这些差异在不同类型的不锈钢中表现也有不同,马氏体钢差别最小,其次是铁素体钢,奥氏体钢差异最大。比如奥氏体不锈钢的导热系数大约是低碳钢的 1/4,线膨胀系数是碳钢的 1.4 倍,电阻率是碳钢的 5.5 倍。物理性质的特点,导致不锈钢焊接时比碳钢容易过热和变形,对于奥氏体钢,过热还会产生晶间腐蚀。

化学成分的差异,使不锈钢在焊接时更容易产生复杂的组织和性能转变。铁素体钢加热和冷却时不会发生相变,但过热会导致组织粗大,使力学性能下降。马氏体钢淬透性高,淬火组织塑性差,易产生冷裂纹。

针对这些问题,不锈钢焊接时要采取必要的工艺措施防止缺陷和性能下降。对奥氏体钢和铁素体钢,要采取小的热输入,避免过热。对马氏体钢要预热,避免冷裂纹的产生。

（2）焊材选择

不锈钢的工况条件以腐蚀环境为主,焊材的选择要优先考虑等成分原则。按照 YB/T 5092 – 1996《焊接用不锈钢丝》的规定,不锈钢焊丝有奥氏体型焊丝、铁素体型焊丝和马氏体型焊丝。典型牌号有 H0Cr20Ni10、H1Cr17、H1Cr13 等。用于气保焊的焊丝,需要以盘状包装出厂。

（3）不锈钢 MIG 焊工艺

①短路过渡工艺。短路过渡工艺多用于薄板或多层焊的打底焊接。采用直径 $0.8 \sim 1.2$ mm 的细焊丝。保护气为富氩的混合气,常用的配比有 $Ar + (\phi = 1\% \sim 5\%)O_2$,$Ar + (5\% \sim 25\%)CO_2$。表 5.5 给出了推荐的短路过渡工艺参数。

表 5.5　不锈钢短路过渡工艺参数

板厚 /mm	坡口形式	焊丝直径 /mm	焊接电流 /A	电弧电压 /V	送丝速度 /(mm·min⁻¹)	焊接速度 /(mm·min⁻¹)	气体流量 /(L·min⁻¹)
1.6		0.8	85	15	4.6	425 ~ 475	15
2.0			90		4.8	325 ~ 375	
1.6		0.8	85	15	4.6	375 ~ 525	15
2.0			90		4.8	285 ~ 315	

②射流过渡工艺。射流过渡工艺适合厚板及多层焊的填充焊接。可采用大电流和粗焊丝,实现大熔深高速度焊接。典型的射流过渡工艺参数见表 5.6。

表 5.6　不锈钢射流过渡工艺参数

板厚/mm	坡口形式	层数	焊接电流/A	电弧电压/V	焊接速度/(mm·min⁻¹)	焊丝直径/mm	送丝速度/(mm·min⁻¹)	气体流量/(L·min⁻¹)
3		1	200 ~ 240	22 ~ 25	100 ~ 550	1.6	3.5 ~ 4.5	
6		2(1:1)	200 ~ 260	23 ~ 26	300 ~ 500	1.6	4 ~ 5	
12		5(4:1)	240 ~ 280	24 ~ 27	200 ~ 350	1.6	4.5 ~ 6.5	4 ~ 18
22		11(7:4)	240 ~ 280	24 ~ 27	200 ~ 350	1.6	4.5 ~ 6.5	
38		18(9:9)	280 ~ 340	26 ~ 30	150 ~ 300	1.6	5 ~ 7	

③脉冲焊工艺。脉冲 MIG 焊可以采用较小的平均电流进行焊接,以减小热输入,且均匀的熔滴过渡使焊缝成形美观。对不锈钢来讲至关重要:可以有效降低热影响区的过热时间,防止晶间腐蚀和组织粗大。表 5.7 给出了不锈钢脉冲 MIG 焊的推荐工艺参数。

表 5.7　不锈钢脉冲 MIG 焊工艺参数

板厚/mm	焊丝直径/mm	坡口形式	峰值电流/A	平均电流/A	电弧电压/V	焊接速度/(mm·mim⁻¹)	气体流量/(L·min⁻¹)
1.6	1.2	I 形	120	65	22	600	20
3.0	1.6	I 形	200	70	25	600	20
6.0	1.6	60°V 形	200	70	24	360	20

5.3.6　MAG 焊

MAG 焊是熔化极活性气体保护焊(Metal active Gas Arc Welding)的英文缩写。是在惰性气体中添加活性气体 CO_2、O_2 或($CO_2 + O_2$)进行的熔化极电弧焊,习惯称其为混合气体保护焊。MAG 焊与 CO_2 焊和 MIG 焊有明显的不同,从气体成分对焊接过程的影响可以得到解释。

1. MAG 焊的特点

(1)与 MIG 焊相比,MAG 焊电弧稳定性好,焊缝成型参数合理。

(2)与 CO_2 焊相比,MAG 焊飞溅小。

(3)选取不同比例的气体焊接,可以获得不同类型的熔滴过渡,适合不同的板厚和焊接位置。

（4）适合低碳钢、低合金钢和不锈钢的焊接。

2. 气体成分对 MAG 焊接过程的影响

气体成分不同，MAG 焊的熔滴过渡形式、飞溅情况和焊缝成形均有所不同。

（1）气体成分对熔滴过渡的影响

MAG 焊接通常采用直流反极性焊接，以焊接低合金钢为主。混合气体中活性气体低于 20% 时，属于富氩的混合气体保护焊。当电流超过临界电流时，可以实现射流过渡（喷射过渡）。如图 5.14 所示，焊丝前端被"削"成笔尖状，比焊丝直径小的熔滴高速过渡到熔池中，飞溅极小，电弧稳定，熔深大。

随着混合气中的 CO_2 含量增加，其临界电流值也增大，当 CO_2 气体含量超过 30% 时，就很难实现射流过渡，如图 5.15 所示。当活性气体含量超过 30% 时，其熔滴过渡形式将向 CO_2 气体保护焊的特征转变。

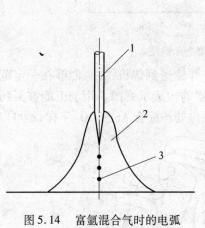

图 5.14 富氩混合气时的电弧
形状及熔滴过渡形式
1— 焊丝；2— 电弧；3— 熔滴

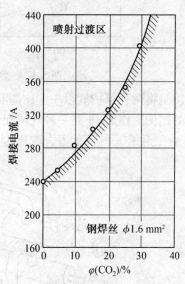

图 5.15 临界电流与 CO_2 含量的关系

（2）气体成分对飞溅的影响

混合气体中氩气含量增加，飞溅率降低。当氩气含量超过 50% 时，飞溅已经明显改观，如 5.16 所示。

（3）气体成分对焊缝成形的影响

气体成分对焊缝成形的影响要从其对熔滴过渡的影响探讨。前面谈到，混合气体中活性气体超过 20% 时，难以实现射流过渡，会向射滴过渡转变，熔池的形状也会从指状熔池向盆底状熔池转变，如图 5.17 所示。而随着 CO_2 气体含量的增加，盆底状熔池的熔深也会增加。

3. MAG 焊设备

MAG 焊的设备与 MIG 焊和 CO_2 焊设备基本相同，唯一区别是供气系统中需要气体配

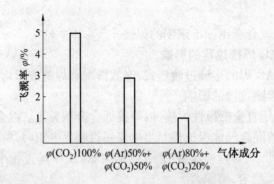

图 5.16　气体成分对飞溅率的影响

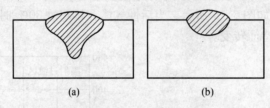

图 5.17　熔池形态示意图

比器。其作用是将两种保护气以一定比例混合并输送到焊枪,并且能够在一定范围内调整两种气体的比例。图 5.18 是一种气体配比器的构造示意图。市场上能够买到的配比器多数用于 Ar 气和 CO_2 气体的混合配比,进气口处均标有 Ar 和 CO_2 字样,不可以接错。

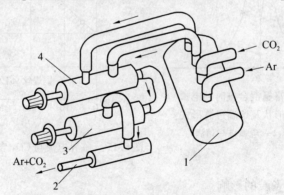

图 5.18　一种气体配比器的构造示意图
1— 压力平衡器;2— 气体出口接管;3— 流量调节阀门;4— 配比调节阀门

4. MAG 焊工艺

（1）短路过渡工艺

采用细焊丝和小电流及 CO_2 含量不超过 50% 的富氩保护气进行短路焊接,可以焊接薄板,也适合空间位置焊接。短路过渡熔深较浅,焊接速度较低。MAG 焊短路过渡典型的工艺参数见表 5.8。

表 5.8　MAG 焊短路过渡工艺参数

板厚/mm	焊接位置	接头形式	间隙/mm	钝边/mm	焊丝直径/mm	焊接电流/A	电弧电压/V	焊接速度/(mm·min⁻¹)	送丝速度/(mm·min⁻¹)	焊接道数
1	全位置		0	——	0.8	55 ~ 60	14 ~ 15	8 ~ 11	45 ~ 60	1
3.2	横		0.8	——	0.8	130 ~ 135	17 ~ 18	5 ~ 8	90 ~ 100	1
6	仰		——	——	1.0	130 ~ 135	17 ~ 19	2 ~ 3	90 ~ 100	1

（2）喷射过渡工艺

喷射过渡是 MAG 焊最常用的熔滴过渡形式，适合焊接中、厚板。欲达到喷射过渡，需要焊接电流达到或超过临界电流。通常焊接时的实际电流值要超过临界电流 30 ~ 50 A。临界电流与焊丝直径、保护气氛组成有直接关系，焊丝直径越大、保护气中 CO_2 比例越高，临界电流值越大。为此，混合气中 CO_2 含量不能超过 30%，否则，难以实现喷射过渡。生产中常用的气体混合比例是 Ar + (15% ~ 25%)CO_2。

同时要注意，焊接电流不能超过临界电流过多，否则，会出现旋转射流过渡，即熔滴不是沿着电弧轴线直线过渡，而是绕着电弧轴线螺旋过渡，导致电弧不稳，飞溅大，成形不均匀。

MAG 焊喷射过渡典型的工艺参数见表 5.9。

表 5.9　MAG 焊喷射过渡工艺参数

板厚/mm	焊接位置	接头形式	间隙/mm	钝边/mm	焊丝直径/mm	焊接电流/A	电弧电压/V	焊接速度/(mm·min⁻¹)	送丝速度/(mm·min⁻¹)	焊接道数
6	平		4.5	——	1.6	310 ~ 320	26 ~ 27	3 ~ 5	70 ~ 80	1
10	平		2.4	——	1.6	340 ~ 350	26 ~ 27	5 ~ 7	90 ~ 95	2
16	平		1.6	2.4	1.6	320 ~ 330	26 ~ 27	5 ~ 8	80 ~ 90	4
20	平		1.6	2.4	1.6	320 ~ 330	26 ~ 27	5 ~ 7	80 ~ 90	4

（3）脉冲过渡工艺

脉冲MAG焊可以以较低的平均电流,较小的热输入,完成均匀一致的焊缝成形,热影响区和变形小,特别适合薄板、空间位置和对热输入敏感的材料。

脉冲焊的工艺参数包括脉冲电流(峰值电流)I_p、基值电流 I_b、脉冲时间 t_p、基值时间 t_b、脉冲频率f、脉宽比。通常,基值电流 I_b = 30 ~ 80 A,脉宽比 R = 30% ~ 50%,脉冲频率 f = 40 ~ 150 Hz。

5.3.7 药芯焊丝电弧焊

1. 药芯焊丝电弧焊的原理与应用

药芯焊丝电弧焊与其他熔化极气体保护焊的原理类似,区别在于填充材料为药芯焊丝。药芯焊丝是装填药粉的空心焊丝。焊丝是钢板卷制的圆筒状或其他形状,内部填充药粉后拉拔成一定直径后缠绕成盘,通过送丝机送出。

按照是否需要保护气,药芯焊丝焊分为药芯焊丝气保焊和药芯焊丝自保焊。药芯焊丝气保焊用的焊丝中填充的药粉是合金粉末,药芯只有向焊缝中过渡合金元素的作用,需要保护气保护熔池。药芯焊丝自保焊用的焊丝中填充的药粉是焊剂,焊剂的成分与埋弧焊焊剂、焊条药皮的组成类似,具有稳弧、造渣、造气的作用,因此无需保护气。图5.19和图5.20分别是两种药芯焊丝焊的工作原理。

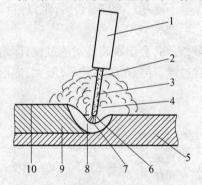

图 5.19　药芯焊丝自保焊原理
1—导电嘴;2—焊丝管;3—药芯;
4—保护气;5—母材;6—电弧;7—熔滴;
8—熔池;9—焊缝;10—熔渣

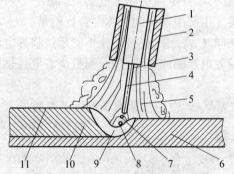

图 5.20　药芯焊丝气保焊原理
1—导电嘴;2—气体喷嘴;3—焊丝管;
4—药芯;5—保护气;6—母材;;7—电弧;
8—熔滴;9—熔池;10—焊缝;11—熔渣

与实心焊丝焊相比,药芯焊丝电弧焊有显著的特点:① 生产率高。在平焊位置,药芯焊丝焊熔覆效率比实心焊丝气保焊高10%,在其他焊接位置,其熔覆效率高出近1倍。②焊接工艺性好。药芯起到稳弧、造渣、造气作用,影响熔滴过渡形式,即使采用CO_2气体保护焊,也可以实现喷射过渡,有效减小飞溅,实现全位置焊接,焊缝成形美观。③ 合金系调整方便。可根据需要设计不同的药芯组成,获得不同渣系,满足不同母材和结构的需要。

药芯焊丝电弧焊可以通过药芯调整熔敷金属的合金组成,从而满足不同接头的质量要求。尤其是焊接低合金高强钢、特殊用途钢时，作用明显，在锅炉、容器、船舶、重型车辆、大型机床等制造领域用途广泛。

2. 药芯焊丝的种类

（1）按照结构形式分类

可分为无缝焊丝和有缝焊丝。无缝焊丝由无缝钢管填充药芯后拉拔而成，镀铜后使用。性能好，成本低。有缝焊丝由钢板卷制成各种截面形状，填充药芯后拉拔而成，有各种截面形状，如图 5.21 所示。

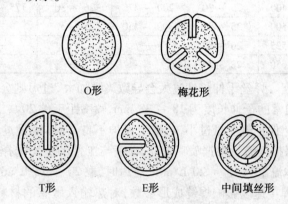

O形　　梅花形

T形　　E形　　中间填丝形

图 5.21　有缝药芯焊丝截面形式

焊丝截面形状越复杂越对称，电弧越稳定。O 形截面的焊丝电弧容易在焊丝周边旋转，不稳定。但当直径小于等于 2 mm 时，截面形状对电弧的稳定性影响不大。

（2）按照保护方式分类

可分为外加保护焊丝和自保护焊丝。外加保护焊丝需要外加保护气或焊剂，可用于气体保护焊和埋弧焊。自保护焊丝靠焊芯熔化产生的气 – 渣联合保护熔池和熔滴。

（3）按照药芯性质分类

可分为焊剂型和合金型。焊剂型是指焊丝中填充的药芯与埋弧焊的焊剂成分类似，在焊接中起到稳弧、造渣、造气及脱氧、合金化作用。合金型焊丝是指焊丝中填充的是合金粉末，主要起到向焊缝中过渡合金元素的作用，不具备保护作用。

焊剂型焊丝在使用时，可以外加保护气体，也可以不加保护气，实现自保护。合金型焊丝焊接时需要外加保护气或焊剂。

3. 焊接工艺要点

（1）坡口

药芯焊丝电弧焊的坡口样式与其他弧焊方法基本相同，与焊条焊相比，不同之处在于，药芯焊丝电弧焊可以采用小角度窄坡口，因为药芯焊丝电弧焊接的熔深比焊条焊大。

（2）工艺参数

药芯焊丝电弧焊的工艺参数与熔化极气体保护焊一样，包括电流、电压、焊丝干伸长度、保护气流量、焊接速度等。

① 焊接电流与电压（弧长）。焊接电流由焊丝直径决定，焊丝直径越大，适用电流越

大。随着焊丝直径的增大,电压也提高。表5.10给出了焊丝直径与电流、电压之间的关系参考数值。

表 5.10 药芯焊丝直径与电流、电压的关系

焊丝尺寸	平 焊		横 焊		立 焊	
	电流/A	电压/V	电流/A	电压/V	电流/A	电压/V
1.2	150 ~ 225	22 ~ 27	150 ~ 225	22 ~ 26	125 ~ 200	22 ~ 25
1.6	175 ~ 300	24 ~ 29	175 ~ 275	25 ~ 28	150 ~ 200	24 ~ 27
2.0	200 ~ 400	25 ~ 30	200 ~ 375	26 ~ 30	175 ~ 225	25 ~ 29
2.4	300 ~ 500	25 ~ 32	300 ~ 450	25 ~ 30	—	—
2.8	400 ~ 525	26 ~ 33	—	—	—	—
3.2	450 ~ 650	28 ~ 34	—	—	—	—

② 焊丝干伸长度。焊丝干伸长度过大会导致飞溅加大,过短则会产生飞溅物堵塞喷嘴。药芯焊丝焊时通常的干伸长度为 18 ~ 38 mm,喷嘴距工件 20 ~ 25 mm。

③ 保护气流量。保护气流量过小,对熔池保护不良,气体流量过大,会产生紊流,空气会侵入。合适的保护气流量根据喷嘴直径、喷嘴与工件的距离选择。药芯焊丝气保焊时,无风条件下,气体流量为 15 ~ 20 L/min,有风时,取 20 ~ 25 L/min。

④ 焊接速度。焊接速度影响焊缝成形参数,对热输入敏感的材料来说,还影响其产生热裂纹、冷裂纹的倾向。通常情况下,焊接速度要依据焊接电流、熔深和材料的工艺焊接性考虑,取 300 ~ 750 mm/min。

习 题 5

5.1 熔化极气体保护焊时,什么情况下适宜采用等速送丝机构? 什么情况下适宜采用变速送丝机构? 为什么?

5.2 定位焊时的电流为什么要比正常焊道焊接电流大?

5.3 半自动熔化极气体保护焊时,为什么优先选用左焊法焊接?

5.4 CO_2 气体保护焊的飞溅产生的原因有哪些?

5.5 CO_2 气体保护焊中,脱氧措施是什么?

第6章 钨极惰性气体保护焊

6.1 钨极惰性气体保护焊原理、方法及特点

6.1.1 钨极惰性气体保护焊的原理

钨极惰性气体保护焊,英文缩写 TIG(Tungsten Inert Gas Welding) 或 GTA(Gas Tungsten Arc Welding),是利用惰性气体作为保护气,采用不熔化的钨棒作为电极,利用电弧热将工件熔化进行的电弧焊方法。所用的保护气通常是氩气(Ar)、氦气(He) 或二者的混合气。图 6.1 为钨极惰性气体保护焊原理。

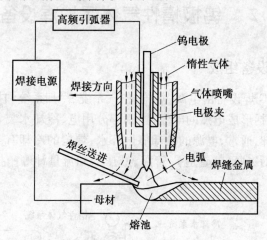

图 6.1 钨极惰性气体保护焊原理

如图 6.1 所示,电源通过电极夹为钨电极供电,与工件形成回路。保护气通过气体喷嘴喷出,形成保护气罩排开焊接区的空气。电弧在钨电极与工件之间形成,将工件熔化进行焊接。由于钨极为非熔化极,需要用高频引弧器提供高频高压的旁路引弧电压进行非接触引弧。根据母材厚度选择填丝或不填丝。

6.1.2 钨极惰性气体保护焊的方法

(1) 按照保护气种类,钨极惰性气体保护焊分为钨极氩弧焊、钨极氦弧焊。

(2) 按照电流种类和极性,分为直流 TIG 焊、交流 TIG 焊和脉冲 TIG 焊。

(3) 按照是否有填充材料,分为自熔型 TIG 焊、填丝 TIG 焊。

(4) 按照填充焊丝的状态,分为冷丝 TIG 焊、热丝 TIG 焊。

（5）按照自动化程度，分为手工 TIG 焊、机械化 TIG 焊和自动 TIG 焊。

（6）按照是否添加活性剂，分为普通 TIG 焊、活性化 TIG 焊（A – TIG 焊）。

6.1.3　钨极惰性气体保护焊的特点

与其他焊接方法相比，钨极惰性气体保护焊具有如下特点：

① 与 CO_2 气体保护焊、MAG 焊、埋弧焊及焊条焊相比，TIG 焊采用惰性气体保护，焊缝金属纯净，无氧化、无气孔、无熔渣。

② 电极不熔化，不存在熔化极电弧焊的熔滴过渡，因此没有飞溅，焊接过程电弧安静。

③ 适合普通碳钢、合金钢，更适合不锈钢、有色金属的焊接。

④ 采用脉冲 TIG 焊，可以焊接薄板、热敏感材料及空间位置。

⑤ 适合重要结构的打底焊接。

⑥ 由于钨极载流能力有限，电弧能量不集中，只适合焊接薄板。

6.2　钨极惰性气体保护焊设备

6.2.1　TIG 焊设备组成

如图 6.2 所示，TIG 焊设备由电源、焊枪、供气系统、冷却系统和控制系统等组成。电源为全部设备供电，包括形成电弧的电流、控制部分用电、冷却水装置用电等。冷却系统为电源和焊枪提供冷却，通常，电源的冷却靠循环水，焊枪的冷却有空气冷却和水冷却两种方式。供气系统包括气瓶（或管道）、管路、减压器和流量计等。控制系统用以控制设备的所有动作。

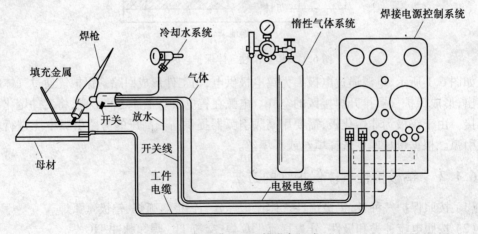

图 6.2　手工 TIG 焊设备组成

6.2.2 TIG 焊电源

根据输出电流种类,TIG 焊电源有直流电源、交流电源和脉冲电源等,不论哪种电源均采用恒流外特性。

1. 直流电源

凡是用于焊条焊的直流电源均可用于 TIG 焊。其结构形式有磁放大器式整流电源、晶闸管整流电源、晶体管整流电源和逆变式整流电源等。ZX – 400、ZX5 – 400 以及 ZX7 – 400 分别是国产的磁放大器式电源、晶闸管整流电源和逆变整流电源。

2. 交流电源

凡具有恒流外特性的弧焊变压器均可用于 TIG 焊。国产 TIG 焊电源多采用空载电压较高的动圈式弧焊变压器,例如 WSJ – 400 型 TIG 焊机采用 BX3 – 400 型弧焊变压器。由于交流电源输出电流导致电弧的不稳定,所以交流电源需要配备引弧装置和稳弧装置。

3. 脉冲电源

按照构造,脉冲电源的类型有磁放大器式、晶体管整流式、晶闸管整流式、逆变式等。脉冲电源输出的电流波形通常有方波、正弦波、锯齿波、梯形波、山峰波等。

6.2.3 TIG 焊枪

焊枪的作用是夹持钨电极,传导电流,输送气体。按照结构形式分为水冷式和气冷式。水冷式焊枪用于工作电流 ≥ 150 A 的电源,靠强制循环的冷却水冷却电缆。气冷式焊枪用于 < 150 A 的电源,靠保护气的流动冷却。图 6.3 是国产某型号水冷式焊枪的结构。

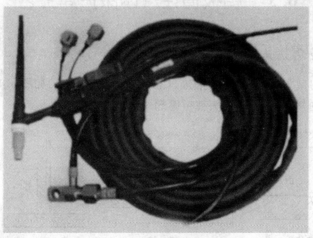

图 6.3 某型号水冷式焊枪结构

对 TIG 焊枪的基本要求有:
① 喷出的保护气要形成稳定的层流状态,以确保保护效果。
② 电极夹头有良好的导电性、枪体有良好的气密性和水密性。

③ 对电缆的冷却要充分连续。

④ 绝缘良好。

6.2.4 钨极

钨极是电弧的一极,需要有较强的电子发射能力,且载流能力要强。纯钨的熔点约为
3 380 ℃,电子逸出功约为 4.54 eV。与熔化极材料相比,表现为电子发射能力强,耐高
温。但是纯钨的载流能力还不能很好满足焊接的需要,比如3.0 mm 的纯钨极最大载流能
力不超过 180 A。向钨中添加钍或铈的氧化物,制成钍钨、铈钨,其电子逸出功分别降低
为2.7 eV 和2.4 eV,电子发射能力大大增强,且载流能力也显著提高。表 6.1 给出了纯
钨、钍钨、铈钨在载流能力方面的比较。由于钍钨具有一定的放射性,逐渐由铈钨代替。

表 6.1　钨电极载流能力　　　　　　　　　　　　　　　　A

电极直径 /mm	直流正接			直流反接	交流
	纯钨	钍钨	铈钨	纯钨	
1.0	10 ~ 60	15 ~ 80	20 ~ 80	—	—
1.6	40 ~ 100	70 ~ 150	50 ~ 160	10 ~ 30	20 ~ 100
2.0	60 ~ 150	100 ~ 200	100 ~ 200		
3.0	140 ~ 180	200 ~ 300	—	20 ~ 40	100 ~ 160
4.0	240 ~ 320	300 ~ 400	—	30 ~ 50	140 ~ 220
5.0	300 ~ 400	420 ~ 520	—	40 ~ 80	200 ~ 280
6.0	350 ~ 450	450 ~ 550	—	60 ~ 100	250 ~ 300

6.3　钨极惰性气体保护焊工艺

6.3.1　TIG 焊接头形式

TIG 焊常用的接头形式有对接、搭接、T 形接头和角接接头,如图6.4 所示。因 TIG 焊
熔深有限,因此,对接接头、T 形接头在板厚超过 3 mm 时需要开坡口。

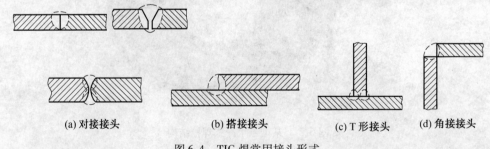

(a) 对接接头　　　(b) 搭接接头　　　(c) T 形接头　　(d) 角接接头

图 6.4　TIG 焊常用接头形式

6.3.2 TIG 焊工艺参数

TIG 工艺参数包括电流、电弧电压、电极直径、电极角度、气体流量、焊接速度。

1. 电流

焊接电流的种类根据母材的性质选择。碳钢、低合金钢、不锈钢、钛合金、铜合金等材料用直流正极性;铝合金、镁合金用交流。

电流值的大小根据材料种类、板厚(含名义板厚)及焊接位置选择。材料导热系数越大,板厚越厚,电流需要越大。空间位置电流要比平焊位置电流略小。

2. 钨极直径

钨极直径根据电流种类和大小选择。每种直径的钨极都有一定范围的需用电流,见表 6.1。

3. 电弧电压

电弧电压相当于弧长。弧长过长,则熔深过浅,焊接速度过慢;弧长过短,容易造成保护气紊流或夹钨情况。合理的弧长应该为 3 ~ 5 mm。

4. 钨极前端形状和角度

钨极前端形状和角度影响载流能力和引弧能力,也影响电弧的能量密度。试验证明,钨极直径在 1.6 mm 以下时,前端保持圆柱状,无需磨制。当钨极直径大于 1.6 mm 时,需要磨制成圆台状或圆锥状。焊接电流越大,需要前端锥角越大。

5. 喷嘴孔径与气体流量

喷嘴孔径与气体流量根据电流大小选择,且二者要配合得当。电流越大,喷嘴孔径和气体流量越大。常用的喷嘴孔径为 5 ~ 20 mm,气体流量为 5 ~ 20 L/min。

6. 焊接速度

焊接速度应在其他工艺参数确定后选择,通常的焊速为 150 ~ 200 mm/min,以不出现焊接缺陷为合理。

6.3.3 典型钨极氩弧焊工艺

表 6.2 和表 6.3 分别列出了不锈钢和纯铝的 TIG 典型工艺。

表 6.2 不锈钢多层 TIG 焊工艺

接头形状与尺寸			焊接工艺参数						
示意图	板厚/mm	层道数	焊接电流/A	钨极直径/mm	电弧电压/V	喷嘴孔径/mm	气体流量/(L·min⁻¹)	焊接速度/(mm·min⁻¹)	焊丝直径/mm
60° ⟋⟍ 1.6	5	2	打底 100 盖面 125	2.4	20	12.5	7	150	3.2

表 6.3　纯铝典型 TIG 焊工艺

接头形状与尺寸			焊接工艺参数						
示意图	板厚/mm	层道数	焊接电流/A	钨极直径/mm	电弧电压/V	喷嘴孔径/mm	气体流量/(L·min⁻¹)	焊接速度/(mm·min⁻¹)	焊丝直径/mm
60° ≤1.6	5	1	160	5	20	12.5	7	250	3.2

6.3.4　手工 TIG 焊操作技术

1. 设备检查与调整

焊前检查设备供电、供气、供水是否正常。确保气路连接牢固,无泄漏;焊机控制面板显示正常;焊枪冷却水畅通;喷嘴及钨极的规格符合需要,且完好无损。调整设备的电流极性和电流值、气体流量。

2. 引弧

TIG 焊要采用非接触引弧法引弧,防止钨极前端烧损和工件夹钨。有效的操作方法是将喷嘴边缘搭在工件上,钨极不接触工件,启动开关完成引弧,再迅速调整焊枪姿态进入焊接状态。待母材熔化形成熔池后,开始匀速移动焊枪,进行焊接,如图 6.5 所示。

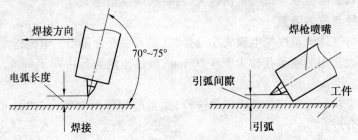

图 6.5　手工 TIG 焊引弧与焊接时焊枪姿态

3. 填丝与焊接

焊接方向推荐为左焊法。同 GMA 焊一样,气体保护焊抗风能力弱,左焊法的抗风能力优于右焊法。如图 6.5 所示,焊枪向右倾斜,向左焊接,即焊枪后倾。

根据板厚情况选择填丝或不填丝。当板厚大于等于 1 mm 时,需要填丝焊接。待起焊点熔池形成后开始填丝,然后均匀移动焊枪,并有节奏地填充焊丝。填丝时,焊丝与工件成 15°～20° 夹角,焊丝前端始终处于电弧区内,不能与工件和钨极接触,如图 6.6 所示。焊接过程中,要注意左右手的配

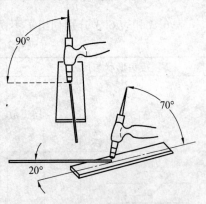

图 6.6　手工 TIG 焊焊枪与焊丝角度

合,填丝动作均匀、有节奏。

4. 收弧

收弧的关键在填满弧坑。焊枪在收弧点略作停留,连续填丝两次,再熄灭电弧。待气体停止后提起焊枪。

习　题　6

6.1　TIG焊为什么采用惰性气体作保护气?

6.2　为什么TIG焊焊接钢、钛、铜等材料时采用直流正接法? 而焊铝、镁等材料时采用交流?

第7章 等离子弧焊

7.1 等离子弧焊原理、方法及特点

7.1.1 等离子弧的原理

等离子弧是一种被压缩的钨极氩弧,具有很高的能量密度及温度。等离子弧的压缩是依靠水冷铜喷嘴的拘束作用实现的,等离子弧通过水冷铜喷嘴时受到下列三种压缩作用:

(1)机械压缩效应。在钨极(负极)和焊件(正极)之间加上一个高电压,使气体电离形成电弧,当弧柱通过特殊孔形的喷嘴的同时,又施以一定压力的工作气体,强迫弧柱通过细孔,由于弧柱受到机械压缩使横截面积缩小,故称为机械压缩效应。

(2)热收缩效应。当电弧通过喷嘴时,在电弧的外围不断送入高速冷却气流(氮气或氢气等)使弧柱外围受到强烈冷却,电离度大大降低,迫使电弧电流只能从弧柱中心通过,导致导电截面进一步缩小,这时电弧的电流密度大大增加,这就是热收缩效应。

(3)磁收缩效应。由于电流方向相同,在电流自身产生的电磁力作用下,彼此互相吸引,将产生一个从弧柱四周向中心压缩的力,使弧柱直径进一步缩小。这种因导体自身磁场作用产生的压缩作用称为磁收缩效应。电弧电流越大,磁收缩效应越强。

自由电弧在上述三种效应作用下被压缩得很细,在高度电离和高温条件下,电弧逐渐趋于稳定的等离子弧。

根据电源的连接方式,等离子弧分为非转移型电弧、转移型电弧及联合型电弧,如图7.1所示。非转移型电弧燃烧在钨极与喷嘴之间,焊接时电源正极接水冷铜喷嘴,负极接钨极,工件不接到焊接回路上。依靠高速喷出的等离子气将电弧带出,这种电弧适用于焊接或切割较薄的金属及非金属。转移型电弧直接燃烧在钨极与工件之间,焊接时首先引燃钨极与喷嘴间的非转移弧,然后将电弧转移到钨极与工件之间,在工作状态下,喷嘴不接到焊接回路中,这种电弧用于焊接较厚的金属。转移型电弧及非转移型电弧同时存在的电弧为联合型电弧或混合型电弧。

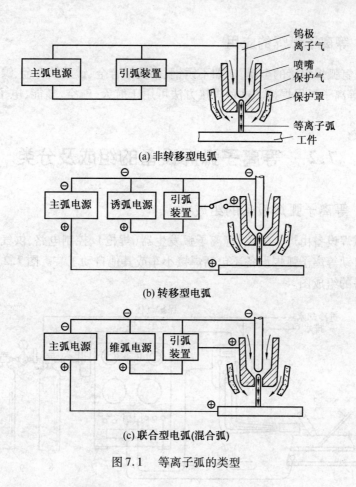

(a) 非转移型电弧

(b) 转移型电弧

(c) 联合型电弧(混合弧)

图 7.1 等离子弧的类型

7.1.2 等离子弧焊的特点

由于等离子电弧具有较高的能量密度、温度及高挺直性,因此与一般电弧焊相比,等离子电弧具有下列优点:

① 熔透能力强,在不开坡口、不加填充焊丝的情况下可一次焊透8 ~ 10 mm厚的不锈钢板;

② 焊缝质量对弧长的变化不敏感,这是由于电弧的形态接近圆柱形,且挺直度好,弧长变化时对加热斑点的面积影响很小,易获得均匀的焊缝形状;

③ 钨极缩在水冷铜喷嘴内部,不可能与工件接触,因此可避免焊缝金属产生夹钨现象;

④ 等离子电弧的电离度较高,电流较小时仍很稳定,可焊接微型精密零件;

⑤ 可产生稳定的小孔效应,通过小孔效应,正面施焊时可获得良好的单面焊双面成形。

等离子弧焊具有如下缺点:

① 可焊厚度有限,一般在 25 mm 以下;

② 焊枪及控制线路较复杂,喷嘴的使用寿命很低;

③ 焊接参数较多,对焊接操作人员的技术水平要求较高。

7.1.3 等离子弧焊的应用

可用钨极氩弧焊焊接的金属,比如不锈钢、铝及铝合金、钛及钛合金、镍、铜、蒙乃尔合金等,均可用等离子弧焊焊接。这种焊接方法可用于航天、航空、核能、电子、造船及其他工业部门中。

7.2 等离子弧焊设备的组成及分类

7.2.1 等离子弧焊设备的组成

等离子弧焊设备由焊接电源、等离子弧发生器(焊枪)、控制电路、供气回路及供水回路等组成。自动等离子弧焊设备还包括焊接小车或其他自动工装。图7.2为典型手工等离子弧焊设备的组成图。

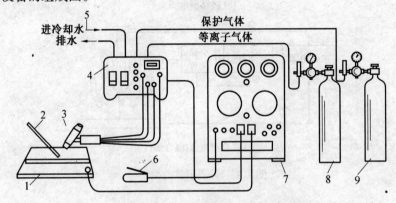

图 7.2 手工等离子弧焊设备
1— 焊件;2— 焊丝;3— 焊枪;4— 控制盘;5— 水冷系统;
6— 启动开关;7— 电源;8— 离子气源;9— 保护气源

1. 弧焊电源

等离子弧焊设备一般采用具有垂直外特性或陡降外特性的电源,以防止焊接电流因弧长的变化而变化,获得均匀稳定的熔深及焊缝外形尺寸。一般不采用交流电源,只采用直流电源,并采用正极性接法。与钨极氩弧焊相比,等离子弧焊所需的电源空载电压较高。

采用氩气作等离子气时,电源空载电压应为 $60 \sim 85$ V;当采用 Ar + H_2 或氩与其他双原子的混合气体作等离子气时,电源的空载电压应为 $110 \sim 120$ V。采用联合型电弧焊时,由于转移型电弧与非转移型电弧同时存在,因此,需要两套独立的电源供电。利用转移型电弧焊接时,可以采用一套电源,也可以采用两套电源。

一般采用高频振荡器引弧,当使用混合气体作等离子气时,应先利用纯氩引弧,然后再将等离子气转变为混合气体,这样可降低对电源的空载电压要求。

2. 控制系统

控制系统的作用是控制焊接设备的各个部分按照预定的程序进入、退出工作状态。

整个设备的控制电路通常由高频发生器控制电路、送丝电机拖动电路、焊接小车或专用工装控制电路以及程控电路等组成。程控电路控制等离子气预通时间、等离子气流递增时间、保护气预通时间、高频引弧及电弧转移、焊件预热时间、电流衰减熄弧、延迟停气等。

3. 供气系统

等离子弧焊设备的气路系统较复杂。由等离子气路、正面保护气路及反面保护气路等组成，而等离子气路还必须能够进行衰减控制。为此，等离子气路一般采用两路供给，其中一路可经气阀放空，以实现等离子气的衰减控制。采用氩气与氢气的混合气体作等离子气时，气路中最好设有专门的引弧气路，以降低对电源空载电压的要求。

等离子气及保护气体通常根据被焊金属来选择。大电流等离子弧焊接时，等离子气及保护气体通常采用相同的气体，否则电弧的稳定性将变差。表 7.1 列出了大电流等离子弧焊焊接各种金属时所采用的典型气体。小电流等离子弧焊接通常采用纯氩气作等离子气，这是因为氩气的电离电压较低，可保证电弧引燃容易。表 7.2 列出了小电流等离子弧焊常用保护气体。

表 7.1　大电流等离子弧焊常用等离子气及保护气体

金属	厚度 /mm	焊接技术	
		穿孔法	熔透法
碳钢	< 3.2	Ar	Ar
（铝镇静钢）	> 3.2	Ar	25% Ar + 75% He
低合金钢	< 3.2	Ar	Ar
	> 3.2	Ar	25% Ar + 75% He
不锈钢	< 3.2	Ar 或 92.5% Ar + 7.5% H_2	Ar
	> 3.2	Ar 或 95% Ar + 5% H_2	25% Ar + 75% He
铜	< 2.4	Ar	He 或 25% Ar + 75% He
	> 2.4	不推荐	He
镍合金	< 3.2	Ar 或 92.5% Ar + 7.5% H_2	Ar
	> 3.2	Ar 或 95% Ar + 5% H_2	25% Ar + 75% He
活性金属	< 6.4	Ar	Ar
	> 6.4	Ar + (50% ~ 70%) He	25% Ar + 75% He

表 7.2　小电流等离子弧焊常用的保护气体（等离子气为氩气）

金属	厚度 /mm	焊接工艺	
		穿孔法	熔透法
铝	< 1.6	不推荐	Ar 或 He
	> 1.6	He	He
碳钢	< 1.6	不推荐	Ar 或 75% Ar + 25% He
（铝镇静钢）	> 1.6	Ar 或 25% Ar + 75% He	Ar 或 25% Ar + 75% He
低合金钢	< 1.6	不推荐	Ar, He 或 Ar + (1% ~ 5%) H_2
	> 1.6	25% Ar + 75% He 或 Ar + (1% ~ 5%) H_2	Ar, He 或 Ar + (1% ~ 5%) H_2
不锈钢	所有厚度	Ar, 25% Ar + 75% He 或 Ar + (1% ~ 5%) H_2	Ar, He 或 Ar + (1% ~ 5%) H_2

续表 7.2

金属	厚度/mm	焊接工艺	
		穿孔法	熔透法
铜	< 1.6	不推荐	75% Ar + 25% He 或 He 或 75% H$_2$ + 25% Ar
	> 1.6	He 或 25% Ar + 75% He	He
镍合金	所有厚度	Ar,25% Ar + 75% He 或 Ar + (1% ~ 5%)H$_2$	Ar,He 或 Ar + (1% ~ 5%)H$_2$
活性金属	< 1.6	Ar,He 或 25% Ar + 75% He	Ar
	> 1.6	Ar,He 或 25% Ar + 75% He	Ar 或 25% Ar + 75% He

4. 水路系统

由于等离子弧的温度在 10 000 ℃ 以上,为了防止烧坏喷嘴并增加对电弧的压缩作用,必须对电极及喷嘴进行有效的水冷却。冷却水的流量不得小于 3 L·min^{-1},水压不小于 0.15 ~ 0.2 MPa。水路中应设有水压开关,在水压达不到要求时,切断供电回路。

5. 焊枪

等离子弧焊枪是等离子弧发生器,对等离子弧的性能及焊接过程的稳定性起决定性作用,主要由电极、电极夹头、压缩喷嘴、中间绝缘体、上枪体、下枪体及冷却套等组成。最关键的部件为喷嘴及电极。

(1)喷嘴

等离子弧焊设备的典型喷嘴结构如图 7.3 所示。根据喷嘴孔道的数量,等离子弧焊喷嘴可分为单孔型(图 7.3(a)、(c))和三孔型(图 7.3(b)、(d)、(e))两种。根据孔道的形状,喷嘴可分为圆柱形(图 7.3(a)、(b))及收敛扩散型(图 7.3(c)、(d)、(e))两种。大部分焊枪采用圆柱形压缩孔道,而收敛扩散型压缩孔道有利于电弧的稳定。三孔型喷嘴除了中心主孔外,主孔左右还有两个小孔。从这两个小孔中喷出的等离子气对等离子弧有一附加压缩作用,使等离子弧的截面变为椭圆形。当椭圆的长轴平行于焊接方向时,可显著提高焊接速度,减小焊接热影响区的宽度。

最重要的喷嘴形状参数为喷嘴孔径及喷嘴孔道长度。

① 喷嘴孔径 d。d 决定了等离子弧的直径及能量密度,应根据焊接电流大小、等离子气种类及流量来选择。直径越小,对电弧的压缩作用越大,但太小时,等离子弧的稳定性下降,甚至导致双弧现象,烧坏喷嘴。表 7.3 列出了各种直径的喷嘴所许用的电流。

表 7.3 各种直径的喷嘴所许用的电流

直径/mm	0.6	0.8	1.2	1.4	2.0	2.5	2.8	3.0	3.2	3.5
许用电流/A	≤ 5	1 ~ 25	20 ~ 60	30 ~ 70	40 ~ 100	~ 140	~ 180	~ 210	~ 240	~ 300

② 喷嘴孔道长度 l。在一定的压缩孔径下,l 越长,对等离子弧的压缩作用越强,但 l 太大时,等离子弧不稳定。通常要求孔道比 l/d 在一定的范围之内,见表 7.4。

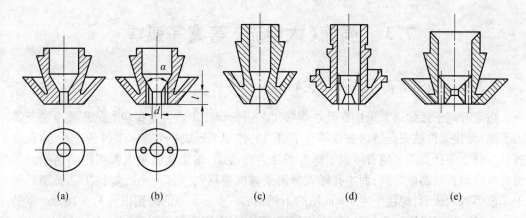

图 7.3 等离子弧焊喷嘴的形状

表 7.4 喷嘴的孔道比及锥角

喷嘴孔径 d/mm	孔径比 l/d	锥角 α	等离子弧类型
0.6 ~ 1.2	2.0 ~ 6.0	25 ~ 45	联合型电弧
1.6 ~ 3.5	1.0 ~ 1.2	60 ~ 90	转移型电弧

③锥角 α。对等离子弧的压缩角影响不大,30° ~ 180° 范围内均可,但最好与电极的端部形状配合,保证将阳极斑点稳定在电极的顶端。

（2）电极

等离子弧焊接一般采用钍钨极或铈钨极,有时也采用锆钨极或锆电极。钨极一般需要进行水冷,小电流时采用间接水冷方式,钨极为棒状电极;大电流时,采用直接水冷,钨极为镶嵌式结构。

棒状电极端头一般磨成尖锥形或尖锥平台形,电流较大时还可磨成球形,以减少烧损。表 7.5 给出了棒状电极的许用电流。镶嵌式电极的端部一般磨成平面形。为了保证电弧稳定,不产生双弧,钨极应与喷嘴保持同心,而且钨极的内缩长度 l_g 要合适($l_g = 10 \pm 0.2$ mm）。

表 7.5 不同直径棒状电极的许用电流

电极直径 /mm	电流范围 /A	电极直径 /mm	电流范围 /A
0.25	< 15	2.4	150 ~ 250
0.50	5 ~ 20	3.2	250 ~ 400
1.0	15 ~ 80	4.0	400 ~ 500
1.6	70 ~ 150	5.0 ~ 9.0	500 ~ 1 000

7.2.2 等离子弧焊设备的分类

根据操作方式,等离子弧焊设备可分为手工及自动两种。根据所适用的焊接工艺可分为强流式(大电流)等离子弧焊机、微束等离子弧焊机、熔化极等离子弧焊机及脉冲等离子焊机等几种。

7.3 强流（大电流）等离子弧焊

7.3.1 强流等离子焊的工艺特点

强流等离子弧焊通常采用穿孔法焊接工艺进行焊接。通过选择较大的焊接电流及等离子流,焊接工件被完全熔透并在等离子流力的作用下形成一个贯穿工件的小孔,熔化金属被排挤在小孔周围。随着等离子弧在焊接方向移动,熔化金属沿电弧周围熔池壁向熔池后方移动并结晶成焊缝,而小孔随着等离子弧向前移动。这种小孔焊接工艺特别适用于单面焊双面成形,焊接 1 ～ 8 mm 厚的不锈钢、1 ～ 7 mm 厚的碳钢以及 1 ～ 10 mm 厚的钛合金时,可不开坡口、不加垫板、不加填充金属,一次实现双面成形。

强流等离子弧焊也可采用熔入法焊接工艺进行焊接,这种焊接工艺与 TIG 焊相似。

7.3.2 强流等离子弧焊机的技术参数

表 7.6 为几种强流等离子弧焊机的技术参数。

表 7.6 几种强流等离子弧焊机的技术参数

型号	LH－30	LHG－300	Plasmaweld 202	Plasmaweld 502	Plasmaweld 255AC/DC	AWS－2000
产品名称	自动等离子弧焊机	自动等离子弧焊机	可控硅整流式等离子弧焊机	逆变式等离子弧焊机	微机控制的等离子弧焊机
弧焊电源输入电压/V	380	380	230/400/500	230/400/500	400	208 ～ 240
空载电压/V	70	70	70 ～ 90	70 ～ 90	70 ～ 90	
工作电压/V		25 ～ 40				25(80%额定电流下)
控制箱输入电压/V	220	220				
电流调节范围/A	60 ～ 300	40 ～ 360	5 ～ 220	6 ～ 400	5 ～ 250	2 ～ 300
额定电流/A	300	300	220	400	250	300
负载持续率/%	60	60	35	35	50	100
电极直径/mm	2 ～ 4.5	5.5				
填充焊丝直径/mm	0.8 ～ 1.2	0.8 ～ 1.2				

续表7.6

型号	LH - 30	LHG - 300	Plasmaweld 202	Plasmaweld 502	Plasmaweld 255AC/DC	AWS - 2000
焊接速度 /(m·h⁻¹)	8 ~ 100	6 ~ 120				可通过计算机程序进行控制；该系统匹配机械式焊枪摆动装置、多轴行走连动系统、数据采集系统、保护气/等离子气流量控制器等
送丝速度 /(m·h⁻¹)	20 ~ 180	25 ~ 200				
保护气预通时间 /s	2 ~ 4					
保护气滞后时间 /s	8 ~ 16				3 ~ 30	
离子气流衰减时间 /s	1 ~ 15					
等离子气流量 /(L·min⁻¹)	> 6.67					
保护气体流量 /(L·min⁻¹)	26.67					
冷却水流量 /(L·min⁻¹)	~ 3	> 4				

7.3.3　穿孔型等离子弧焊的焊接规范的选择

穿孔型等离子弧焊接的工艺参数主要有：等离子气种类及流量、保护气种类及流量、焊接电流、电弧电压、焊接速度等。焊接时总是根据板厚或熔透要求首先选定焊接电流。为了形成稳定的穿孔效应，等离子气应有足够的流量，并且要与焊接电流、焊接速度适当匹配。可参照表7.7选择穿孔型等离子弧焊的焊接规范。

表7.7　穿孔型等离子弧焊的焊接规范

焊件材料	板厚 /mm	焊接速度 /(mm·min⁻¹)	电流 /A	电压 /V	气体流量/(L·h⁻¹) 种类	离子气	保护气	坡口形式
低碳钢	3.175	304	185	28	Ar	364	1 680	I
低合金钢	4.168	254	200	29	Ar	336	1 680	I
	6.35	354	275	33	Ar	420	1 680	I
不锈钢	2.46	608	115	30	Ar + 5% H₂	168	980	I
	3.175	712	145	32	Ar + 5% H₂	280	980	I
	4.218	358	165	36	Ar + 5% H₂	364	1 260	I
	6.35	354	240	38	Ar + 5% H₂	504	1 400	I
	12.7	270	320	26	Ar			I

续表7.7

焊件材料	板厚/mm	焊接速度/(mm·min⁻¹)	电流/A	电压/V	气体流量/(L·h⁻¹)			坡口形式
					种类	离子气	保护气	
钛合金	3.175	608	185	21	Ar	224	1 680	I
	4.218	329	175	25	Ar	504	1 680	I
	10.0	254	225	38	75% He + Ar	896	1 680	I
	12.7	254	270	36	50% He + Ar	756	1 680	I
	14.2	178	250	39	50% He + Ar	840	1 680	V
铜	2.46	254	180	28	Ar	280	1 680	I
黄铜	2.0	508	140	25	Ar	224	1 680	I
	3.175	358	200	27	Ar	280	1 680	I
镍	3.175		200	30	Ar + 5% H_2	280	1 200	I
	6.35		250	30	Ar + 5% H_2	280	1 200	I
锆	6.4	250	195	30	Ar	228	1 320	I

7.4 微束等离子弧焊

7.4.1 微束等离子弧焊的特点

微束等离子弧焊是一种小电流(通常小于30 A)熔入型焊接工艺,为了保持小电流时电弧的稳定,通常采用联合型电弧,即焊接时存在两个电弧,一个是燃烧于电极与喷嘴之间的非转移弧,另一个为燃烧于电极与焊件间的转移弧。前者起引弧和维弧作用,使转移弧在电流小至0.5 A时仍非常稳定;后者用于熔化工件。

与钨极氩弧焊相比,微束等离子弧焊的优点是:

① 可焊更薄的金属,最小可焊厚度为0.01 mm;

② 弧长在很大的范围内变化时,也不会断弧,并能保持柱状特征;

③ 焊接速度快、焊缝窄、热影响区小、焊接变形小。

7.4.2 微束等离子弧焊机的技术参数

典型的国产微束等离子弧焊机的技术参数见表7.8。

表 7.8 典型国产微束等离子弧焊机的技术参数

型号		LH6	WLH – 10	LH – 16A	LH – 20	LH – 30	LH3 – 16
电源输入电压 /V		380	220	220	220	380	380
空载电压 /V	焊接	176	90	60	120	75	50
	维弧	176	90(直流) 100(交流)	95	100	135	140
电流调节 范围 /A	焊接	0.5 ~ 6	0.5 ~ 10	0.2 ~ 16	0.1 ~ 20	1 ~ 30	脉冲电流:0.2 ~ 18 A 基值电流:0.2 ~ 18 A 脉冲频率:1 ~ 20 Hz 占空比:25% ~ 75%
	维弧	1.8	1.5 ~ 2	1.5	3	2	
额定焊接电流 /A		6	10	16	20	30	16
电源容量 /kVA		1.1	1.5			2.82	1.2
负载持续率 /%			60	60		60	60
焊接厚度 /mm		0.08 ~ 0.3	0.05 ~ 1.1	0.1 ~ 1	0.1 ~ 0.2	0.1 ~ 1	0.05 ~ 5
工件转速 /(r·min⁻¹)		1.25 ~ 6.7	0.3 ~ 2.5				0.4 ~ 4
保护气体 预通时间 /s						1	
保护气体 滞后时间 /s			5			5	
电流衰减 时间 /s						1 ~ 6	0 ~ 7
等离子气流量 /(L·min⁻¹)			0.1 ~ 0.5		1	1	
保护气流量 /(L·min⁻¹)			Ar:0.2 ~ 4 H₂:0.1 ~ 0.5		10	10	
冷却水流量 /(L·min⁻¹)		0.25			0.5	0.5	

7.4.3 微束等离子弧焊工艺参数的选择

常用的微束等离子弧焊的焊接工艺参数见表 7.9。

表 7.9 典型的微束等离子弧焊的焊接工艺参数

焊件材料	板厚/mm	焊接速度/(mm·min⁻¹)	电流/A	电压/V	等离子气流量(氩气)/(L·min⁻¹)	保护气流量/(L·min⁻¹) 种类	保护气流量/(L·min⁻¹) 流量	喷嘴孔径/mm	备注
	0.025	127	0.3		0.2	Ar + 1% H₂	8		卷边焊
	0.075	153	1.6		0.2	Ar + 1% H₂	8	0.75	
	0.125	375	1.6		0.28	Ar + 0.5% H₂	7	0.75	
	0.175	775	3.2		0.25	Ar + 4% H₂	9.5	0.75	
	0.25	320	5	30	0.5	Ar	7	0.6	
	0.2		4	26	0.4	Ar	6	0.8	
	0.2		4.3	25	0.4	Ar	5	0.8	
不锈钢	0.1	370	3.3	24	0.15	Ar	4	0.6	对接焊（铜衬垫）
	0.25	270	6.5	24	0.6	Ar	6	0.8	
	1.0	275	2.7	25	0.6	Ar	11	1.2	
	0.25	200	6		0.28	Ar + 1% H₂	9.5	0.75	
	0.75	125	10		0.28	Ar + 1% H₂	9.5	0.75	
	1.2	150	13		0.42	Ar + 8% H₂	7	0.8	
	1.6	254	46		0.47	Ar + 5% H₂	12	1.3	
	2.4	200	90		0.7	Ar + 5% H₂	12	2.2	手工对接
	3.2	254	100		0.7	Ar + 5% H₂	12	2.2	
	0.15	300	5	22	0.4	Ar	5	0.6	
镍合金	0.56	150 ~ 200	4 ~ 6		0.28	Ar + 8% H₂	7	0.8	对接焊
	0.71	150 ~ 200	5 ~ 7		0.28				
	0.91	125 ~ 175	6 ~ 8		0.33				
	1.2	125 ~ 150	10 ~ 12		0.38				
	0.15	150	3			Ar	8		
钛	0.2	150	5		0.2			0.75	手工对接
	0.37	125	8						
	0.55	250	12			He + 25% Ar	2		
哈斯特洛依合金	0.125	250	4.8		0.28	Ar	8	0.75	对接焊
	0.25	200	5.8						
	0.5	250	10						
	0.4	500	13		0.68		4.2	0.9	
康铜丝	φ0.05		0.5			Ar	3	0.6	端头对接
	φ0.1								
不锈钢丝	φ0.75		1.7		0.28	Ar + 15% H₂	7	0.75	搭接时间 1 s;
	φ0.75		0.9		0.28	Ar + 15% H₂	7	0.75	并接时间 0.1 s
镍丝	φ0.12		0.1		0.28	Ar			搭接热电偶
	φ0.37		1.1		0.28	Ar	7	0.75	
	φ0.37		1.0		0.28	Ar + 3% H₂			点焊时间 0.2 s
钽丝与镍丝	φ0.5	0.2 s/焊点	2.5		0.2	Ar	9.5	0.75	点焊
紫铜	0.025	125	0.3		0.28	Ar + 0.5% H₂	9.5	0.75	卷边对接
	0.075	150	10		0.28	Ar + 15% H₂	9.5	0.75	

7.5 脉冲等离子焊

7.5.1 脉冲等离子焊的特点

脉冲等离子焊一般采用频率为 50 Hz 以下的脉冲弧焊电源,脉冲电源的形式主要为晶闸管式、晶体管式及逆变式。与一般等离子焊相比,脉冲等离子焊的优点是:

① 焊接过程更加稳定;

② 焊接线能量易于控制,能够更好地控制熔池,保证良好的焊缝成形;

③ 焊接热影响区较小、焊接变形小;

④ 脉冲电弧对熔池具有搅拌作用,有利于细化晶粒,降低裂纹的敏感性;

⑤ 可进行全位置焊接。

脉冲等离子焊的工艺参数有:脉冲电流(I_p)、基值电流(I_b)、脉冲频率(f)、脉宽比 $t_p/(t_p + t_b)$。脉冲等离子焊接适用于管道的全位置焊接、薄壁构件以及热敏感性强的材料的焊接。

7.5.2 脉冲等离子焊机的技术参数

表 7.10 列出了国产脉冲等离子焊机的技术参数。

表 7.10 常用国产脉冲等离子焊机的技术参数

型号	MLH – 1 – 5	LH – 250	LH1 – 250	LH2 – 300	LHM – 315
电源输入电压 /V	380	380	380	380	220/380/440
额定电源容量 /kVA		21	21	40	33.6
电流调节范围 /A		20 ~ 300	20 ~ 300	30 ~ 600	
脉冲电流 /A	0 ~ 5	20 ~ 300		30 ~ 600	37 ~ 510
基值电流 /A	0.02 ~ 0.14	20 ~ 250		30 ~ 550	20 ~ 270
脉冲频率 /Hz	7 ~ 50	1.67 ~ 5	0.4 ~ 5	0.5 ~ 15	
脉宽比 /%		5 ~ 100	5 ~ 100	20 ~ 80	
控制箱电源电压 /V		220	220	380	
机头行程 /mm				800	
焊车行走速度 /（m·h^{-1}）	36	10 ~ 100	10 ~ 100	10 ~ 50	
焊炬调节范围 /mm	200	30		上下:270 前后:80 左右:800	
填充丝直径 /mm		0.8 ~ 1.2			
等离子气流量 /（L·h^{-1}）	4.5 ~ 375	< 400	< 300	20 ~ 300	
保护气流量 /（L·h^{-1}）	氩:12 ~ 390 氢:0.3 ~ 12	1 600	800 ~ 1 000	200 ~ 800	
电极直径 /mm	0.3	2.5 ~ 4.5	2.5 ~ 4.5	4	
冷却水压力 /MPa		0.3	0.3	> 0.2	
冷却水流量 /（L·min^{-1}）	> 0.4	3			

7.5.3　脉冲等离子焊的工艺参数

脉冲等离子焊的典型工艺参数见表 7.11。

表 7.11　脉冲等离子焊的典型工艺参数

材料种类	板厚度 /mm	I_b/A	I_p/A	f/Hz	$t_p/(t_p + t_b)$	离子气流量 /(L·min^{-1})	焊接速度 /(mm·min^{-1})
不锈钢	3	70	100	2.4	12/21	5.5	400
	4	50	120	1.4	21/35	6.0	250
钛	6	90	170	2.9	10/17	6.5	202
	3	40	90	3	10/16	6.0	400
不锈钢波纹管膜片	0.05 + 0.05（内圆）	0.12	0.5	10	2/5	0.6	45
	0.05 + 0.15（内圆）	0.12	1.2	10	2/5	0.6	45
	0.05 + 0.05（外圆）	0.12	0.55	10	2/5	0.6	35

7.6　等离子堆焊

等离子堆焊是一种较新的堆焊工艺,具有熔深浅、熔敷率高、稀释率低等优点。根据堆焊时所使用的填充材料,等离子堆焊机可分为四种:冷丝堆焊机、热丝等离子堆焊机、熔化极等离子堆焊机以及粉末堆焊机。

7.6.1　冷丝堆焊

冷丝堆焊与填充焊丝的熔入型等离子弧焊相同,其设备也与填充焊丝的强流等离子焊设备相似。由于这种方法的效率很低,目前已很少使用。

7.6.2　热丝等离子堆焊

热丝等离子堆焊综合了热丝 TIG 焊及等离子焊的特点。焊机由一台直流电源、一台交流电源、送丝机、控制箱、焊枪以及机架等组成。直流电源作为焊接电源,用于产生等离子电弧,加热并熔化母材和填充焊丝。交流电源作为预热电源,在自动送入的焊丝中通以一定的加热电流,以产生电阻热,从而提高熔敷效率并降低对熔敷金属的稀释程度。对于单丝堆焊焊机,预热电源的两极分别接焊丝和工件;对于双丝堆焊焊机,电源的两个电极分别接两根焊丝,堆焊时应选择合适的预热电流,使焊丝在恰好送进到熔池时被电阻热所熔化,同时两根焊丝间又不产生电弧。这样可减小焊接电流,从而降低熔敷金属的稀释率。此外,热丝堆焊还有利于消除堆焊层中的气孔。

热丝等离子堆焊主要用于在表面积较大的工件上堆焊不锈钢、镍合金、铜及铜合金等。

表 7.12 给出了国产 LS – 500 – 2 双热丝等离子弧堆焊机的技术参数。

表 7.12 国产 LS - 500 - 2 双热丝等离子弧堆焊机的技术参数

型号		LS - 500 - 2
工作电压 /V		20 ~ 30
空载电压 /V		80
电流调节范围 /A		30 ~ 600
负载持续率 /%		80
电源功率 /kVA		36.4
铈钨极直径 /mm		5
填充丝直径 /mm		1.2 ~ 2.5
堆焊层厚度 /mm		2 ~ 5
填充丝输送速度 /(m · h⁻¹)		50 ~ 800
电弧摆动频率 /Hz		0.5 ~ 3
焊枪摆动幅度 /mm		0 ~ 25
电源	型号	ZDK - 500
	输入电压 /V	380(3 相、50 Hz)
控制箱输入电压 /V		220
气体流量 /(L · h⁻¹)	等离子气	100 ~ 1000
	保护气	160 ~ 1600
焊接速度 /(m · h⁻¹)		2 ~ 50

7.6.3 熔化极等离子堆焊

熔化极等离子堆焊的原理是通过一种特殊的等离子弧焊枪将等离子弧焊和熔化极气体保护焊组合起来。焊接过程中产生两个电弧,一个为等离子弧,另一个为熔化极电弧。根据等离子弧的产生方法,可分为水冷铜喷嘴式及钨极式两种。前者的等离子弧产生在水冷铜喷嘴与工件之间;后者的等离子弧产生在钨极与工件之间。熔化极电弧产生在焊丝与工件之间,并在等离子弧中间燃烧。整个焊机需要两台电源:其中一台为陡降特性的电源,其负极接钨极或水冷铜喷嘴,正极接工件;另一台为平特性电源,其正极接焊丝,负极接工件。

熔化极堆焊机既可用于连接焊,也可用于堆焊。焊接时,选用较小的焊丝电流,此时熔滴过渡为大滴过渡;堆焊时,选用较大的焊丝电流,熔滴过渡为旋转射流过渡。

与一般等离子焊及熔化极气体保护焊相比,熔化极等离子焊具有下列优点:

① 焊丝受到等离子弧的预热,熔化功率大;

② 由于等离子流力的作用,在进行大滴过渡及旋转射流过渡时,均不会产生飞溅;

③ 熔化功率和工件上的热输入可单独调节;

④ 可焊接铝及铝合金;

⑤ 焊接速度快。

表 7.13 给出了国产熔化极等离子弧堆焊机的技术参数。

表 7.13　国产熔化极等离子弧堆焊机的技术参数

型号	LUR2 - 400	
电源型号	ZX4 - 250(等离子弧电源)	ZPG7 - 1000(熔化极电弧电源)
额定输入容量 /kVA	16	100
频率 /Hz	50	50
空载电压 /V	80	90
电源特性	下降特性	平特性
工作电压 /V	10 ~ 45	30 ~ 50
电流调节范围 /A	50 ~ 250	200 ~ 1 000
负载持续率 /%	60	100
导弧电源空载电压 /V	150	
导弧电流 /A	30	
维弧电流 /A	20	
额定等离子弧电流 /A	150	
额定熔化极电弧电流 /A	400	
送丝速度 /(m · min^{-1})	5 ~ 30	
焊丝直径 /mm	1.2、1.6	
焊接速度 /(m · h^{-1})	30 ~ 90	
堆焊速度 /(m · h^{-1})	9 ~ 30	
摆动频率 /Hz	0 ~ 70	
摆动幅值 /mm	0 ~ 30	
摆动方式	平摆	
最大冷却水压力 /MPa	0.98	
最大冷却水流量 /(L · min^{-1})	3.5	
等离子气流量 /(L · min^{-1})	0 ~ 7	
保护气流量 /(L · min^{-1})	0 ~ 30(氩气)、0 ~ 7(二氧化碳)	
后拖保护气流量 /(L · min^{-1})	0 ~ 30	

7.6.4　粉末堆焊机

粉末堆焊机与一般等离子焊机大体相同,只不过利用粉末堆焊焊枪代替等离子焊机中的焊枪。粉末堆焊焊枪一般采用直接水冷并带有送粉通道,所用喷嘴的压缩孔道比一般不超过 1。等离子堆焊时,一般采用转移型电弧或混合型电弧。除了等离子气及保护气外,还需要送粉气,送粉气一般采用氩气。

粉末堆焊具有生产率高、堆焊层稀释率低、质量高,便于自动化等特点,是目前应用最广泛的一种等离子堆焊方法。特别适合于在轴承、轴颈、阀们板、阀们座、涡轮叶片等零部件的堆焊。

表 7.14 给出了国产粉末堆焊机的技术参数。

表 7.14　国产粉末堆焊机的技术参数

型号	LU – 150	LUP – 300	LUP – 500	LU – 500
焊接电源输入电压 /V	380	380	380	
控制电源电压 /V	220			
堆焊空载电压 /V 非转移型电弧	70	70 ~ 76	70 ~ 76	70 ~ 80
堆焊空载电压 /V 转移型电弧	140			
电流调节范围 /A 非转移型电弧	30 ~ 300	30 ~ 200	30 ~ 200	30 ~ 500
电流调节范围 /A 转移型电弧	15 ~ 150	30 ~ 250	50 ~ 400	
电流衰减最小值 /A		< 30	< 50	
衰减电流调节范围 /A		100 ~ 10	200 ~ 15	
电流衰减时间 /s		2 ~ 25	2 ~ 25	1 ~ 60
转台 旋转速度 /(r · min⁻¹)	0.2 ~ 2	0.1 ~ 2	0.1 ~ 2	0.05 ~ 4
转台 回转角度 /(°)	0 ~ 90	0 ~ 90	0 ~ 90	360
堆焊件最大直径 /mm	320	500	500	500
机头 直线行走速度 /(m · h⁻¹)	2.4 ~ 55	0.6 ~ 90	0.6 ~ 90	18.6
机头 行程 /mm	800	450	450	500
机头 摆动频率 /Hz	5 ~ 50	0 ~ 100	0 ~ 100	5 ~ 180
机头 摆动幅度 /mm	0 ~ 50			
机架 旋转角度 /(°)	180			360
机架 升降距离 /mm	490			350
喷嘴微调距离 /mm 上下	55			50
喷嘴微调距离 /mm 前后	50			40
预先通气时间 /s		> 1(不可调)	> 1(不可调)	1 ~ 5
气体衰减时间 /s		> 4	> 4	1 ~ 3
送粉量 /(kg · h⁻¹)		9	9	3 ~ 5
氩气流量 /(L · min⁻¹) 离子气	17	10	10	3 ~ 4
氩气流量 /(L · min⁻¹) 送粉气	10	10	10	5 ~ 6
氩气流量 /(L · min⁻¹) 保护气	17	10	10	
冷却水流量 /(L · min⁻¹)	≥ 3	1	1	
配用电源	ZXG2 – 150N ZXG – 300N			

7.7 等离子弧焊工艺要点

7.7.1 等离子弧焊主要技术参数

小孔型等离子弧焊接的主要参数有：离子气流量、焊接电流、焊接速度、喷嘴高度和保护气流量等。

（1）焊接电流

焊接电流是根据板厚或熔透要求来选定。焊接电流过小，难于形成小孔效应；焊接电流增大，等离子弧穿透能力增大，但电流过大会造成熔池金属因小孔直径过大而坠落，难以形成合格焊缝，甚至引起双弧，损伤喷嘴并破坏焊接过程的稳定性。因此，在喷嘴结构确定后，为了获得稳定的小孔焊接过程，焊接电流只能在某一个合适的范围内选择，而且这个范围与离子气的流量有关。

（2）焊接速度

焊接速度应根据等离子气流量及焊接电流来选择。其他条件一定时，如果焊接速度增大，焊接热输入减小，小孔直径随之减小，直至消失，失去小孔效应。如果焊接速度太低，母材过热，小孔扩大，熔池金属容易坠落，甚至造成焊缝凹陷、熔池泄漏现象。因此，焊接速度、离子气流量及焊接电流这三个工艺参数应相互匹配。

（3）喷嘴离工件的距离

喷嘴离工件的距离过大，熔透能力降低；距离过小，易造成喷嘴被飞溅物堵塞，破坏喷嘴正常工作。喷嘴离工件的距离一般取 3 ~ 8 mm。与钨极氩弧焊相比，喷嘴距离变化对焊接质量的影响不太敏感。

（4）等离子气及流量

等离子气及保护气体通常根据被焊金属及电流大小来选择。大电流等离子弧焊接时，等离子气及保护气体通常采取相同的气体，否则电弧的稳定性将变差。小电流等离子弧焊接通常采用纯氩气作等离子气。这是因为氩气的电离电压较低，可保证电弧引燃容易。

等离子气流量决定了等离子流力和熔透能力。等离子气的流量越大，熔透能力越大。但等离子气流量过大会使小孔直径过大而不能保证焊缝成形。因此，应根据喷嘴直径、等离子气的种类、焊接电流及焊接速度选择适当的离子气流量。利用熔入法焊接时，应适当降低等离子气流量，以减小等离子流力。

保护气体流量应根据焊接电流及等离子气流量来选择。在一定的离子气流量下，保护气体流量太大，会导致气流的紊乱，影响电弧稳定性和保护效果。而保护气体流量太小，保护效果也不好，因此，保护气体流量应与等离子气流量保持适当的比例。

小孔型焊接保护气体流量一般为 15 ~ 30 L/min。采用较小的等离子气流量焊接时，电弧的等离子流力减小，电弧的穿透能力降低，只能熔化工件，形不成小孔，焊缝成形过程与 TIG 焊相似。这种方法称为熔入型等离子弧焊接，适用于薄板、多层焊的盖面焊及角焊缝的焊接。

（5）引弧及收弧

板厚小于 3 mm 时，可直接在工件上引弧和收弧。利用穿孔法焊接厚板时，引弧及熄弧处容易产生气孔、下凹等缺陷。对于直缝，可采用引弧板及熄弧板来解决这个问题。先在引弧板上形成小孔，然后再过渡到工件上去，最后将小孔闭合在熄弧板上。

大厚度的环缝，不便加引弧板和收弧板时，应采取焊接电流及离子气递增和递减的方法在工件上起弧，完成引弧建立小孔并利用电流和离子气流量衰减法来收弧闭合小孔。

（6）接头形式和装配要求

工件厚度大于 1.6 mm 时，小于表 7.15 列举的厚度时，采用 I 形坡口，用穿孔法单面焊双面成形一次焊透。工件厚度大于表 7.15 列举的数值时，根据厚度不同，可开 V 形、U 形或双 V 形、双 U 形坡口。

表 7.15 不同材料焊接厚度

材料	不锈钢	钛及钛合金	镍及镍合金	低合金钢	低碳钢
焊接厚度 /mm	≤ 8	≤ 12	≤ 6	≤ 7	≤ 8

板厚小于 1.6 mm 薄板，一般采用对接接头及端接接头。厚度大于 1.6 mm 但小于表 7.15 所列厚度值的工件，可不开坡口，采用小孔法单面一次焊成。厚板等离子弧焊接，采用大钝边的开坡口接头，钝边大小取决于小孔型等离子弧焊接的穿透深度，穿透深度大时，钝边也增大。

熔透型等离子弧焊的工艺参数项目和小孔型等离子弧焊基本相同，其焊缝成形过程与钨极氩弧焊相似。

7.7.2 等离子弧焊气体选择

等离子弧焊气体有离子气和保护气。应用最广的离子气为 Ar 气，适用于所有金属。针对不同的金属可加入 He、H_2 等气体。

大电流焊接时，离子气和保护气体相同，气体选择见表 7.16。

表 7.16 大电流等离子弧焊用气体选择[①]

金 属	厚 度 /mm	焊 接 技 术	
		小 孔 法	熔 透 法
碳 钢 （铝镇静）	< 3.2	Ar	Ar
	> 3.2	Ar	He75% + Ar25%
低合金钢	< 3.2	Ar	Ar
	> 3.2	Ar	He75% + Ar25%
不锈钢	< 3.2	Ar, Ar92.5% + $H_2$7.5%	Ar
	> 3.2	Ar, Ar95% + $H_2$5%	He75% + Ar25%
铜	< 2.4	Ar	He75% + Ar25% ,He
	> 2.4	不推荐[②]	He
镍合金	< 3.2	Ar, Ar92.5% + $H_2$7.5%	Ar
	> 3.2	Ar, Ar95% + $H_2$5%	He75% + Ar25%
活性金属	< 6.4	Ar	Ar
	> 6.4	Ar + He(50% ~ 75%)	He75% + Ar25%

注：① 气体选择是指等离子气体和保护气体两者。

② 由于底部焊道成形不良，这种技术只能用于铜锌合金焊接。

　　小电流焊接时,离子气用 Ar 气。保护气体成分可与之相同也可不相同。气体选择见表 7.17。有时焊接低碳钢和低合金钢时,用 Ar + (5 ~ 20)% CO_2 作为保护气体。

表 7.17　小电流等离子弧焊用保护气体选择

金　属	厚　度 /mm	焊　接　技　术	
		小　孔　法	熔　透　法
铝	< 1.6	不推荐	Ar,He
	> 1.6	He	He
碳钢 (铝镇静)	< 1.6	不推荐	Ar,He25% + Ar75%
	> 1.6	Ar,He75% + Ar25%	Ar,He25%
低合金钢	< 1.6	不推荐	Ar,He,Ar + H_2(1% ~ 5%)
	> 1.6	He75% + Ar25%	Ar,He,Ar + H_2(1% ~ 5%)
不锈钢	所有厚度	Ar + H_2(1% ~ 5%) Ar,He75% + Ar25% Ar + H_2(1% ~ 5%)	Ar,He,Ar + H_2(1% ~ 5%)
铜	< 1.6	不推荐	He25% + Ar75% $H_2$75% + Ar25%,He
	> 1.6	He75% + Ar25%,He	He
镍合金	所有厚度	Ar,He75% + Ar25%, Ar + H_2(1% ~ 5%)	Ar,He,Ar + H_2(1% ~ 5%)
活性金属	< 1.6	Ar,He75% + Ar25%,He	Ar
	> 1.6	Ar,He75% + Ar25%,He	Ar,He75% + Ar25%

注:气体选择仅指保护气体,在所有情况下等离子气均为氩气。

　　几种金属材料的等离子弧焊工艺参数见表 7.18。

表 7.18　典型的等离子弧焊工艺参数

材料	板厚 /mm	焊接电流/A	电弧电压/V	焊接速度 /(cm·min^{-1})	离子气 Ar /(L·min^{-1})	保护气 /(L·min^{-1})	喷嘴孔径 /mm	备注
不锈钢	1.6	46	—	25.4	0.47	12(Ar + $H_2$5%)	1.3	手工对接
	2.4	90	—	20.0	0.7	12(Ar + $H_2$5%)	2.2	
	3.2	100	—	25.4	0.7	12(Ar + $H_2$5%)	2.2	
镍合金	0.15	5	22	30.0	0.4	5Ar	0.6	对接焊
	0.56	4 ~ 6	—	15.0 ~ 20.0	0.28	7(Ar + $H_2$8%)	0.8	
	0.71	5 ~ 7	—	15.0 ~ 20.0	0.28	7(Ar + $H_2$8%)	0.8	
	0.91	6 ~ 8	—	12.5 ~ 17.5	0.33	7(Ar + $H_2$8%)	0.8	
	1.2	10 ~ 12	—	12.5 ~ 15.0	0.38	7(Ar + $H_2$8%)	0.8	
钛	0.75	3	—	15.0	0.2	8Ar	0.75	手工对接
	0.2	5	—	15.0	0.2	8Ar	0.75	
	0.37	8	—	12.5	0.2	8Ar	0.75	
	0.55	12	—	25.0	0.2	8(He + Ar25%)	0.75	

续表 7.18

材料	板厚 /mm	焊接电流 /A	电弧电压 /V	焊接速度 /(cm·min⁻¹)	离子气 Ar /(L·min⁻¹)	保护气 /(L·min⁻¹)	喷嘴孔径 /mm	备注
哈斯特洛依合金	0.125	4.8	—	25.0	0.28	8Ar	0.75	对接焊
	0.25	5.8	—	20.0	0.28	8Ar	0.75	
	0.5	10	—	25.0	0.28	8Ar	0.75	
	0.4	13	—	50.0	0.66	4.2Ar	0.9	
不锈钢丝	ϕ0.75	1.7	—	—	0.28	7(Ar + H₂15%)	0.75	搭接时间 1 s
	ϕ0.75	0.9	—	—	0.28	7(Ar + H₂15%)	0.75	端接时间 0.6 s
镍丝	ϕ0.12	0.1	—	—	0.28	7Ar	0.75	
	ϕ0.37	1.1	—	—	0.28	7Ar	0.75	搭接热电偶
	ϕ0.37	1.0	—	—	0.28	7(Ar + H₂2%)	0.75	
钽丝与镍丝 ϕ0.5		2.5	—	焊一点为 0.2 s	0.2	9.5Ar	0.75	点　焊
紫铜	0.025	0.3	—	12.5	0.28	9.5(Ar + H₂0.5%)	0.75	卷边
	0.075	10	—	15.0	0.28	9.5(Ar + He75%)	0.75	对接

7.7.3　等离子弧焊接9.7主要缺陷及防止

等离子弧焊最常见的缺陷为咬边和气孔。

1.咬边

不加填充丝时最易出现咬边,原因主要有:离子气流过大,电流过大及焊速过高,焊枪向一侧倾斜,装配错边,电极与喷嘴不同心,磁偏吹,采用多孔喷嘴时,两侧辅助孔位置偏斜。

防止措施是调整焊接规范,电极对准焊缝,改进错边和正确地连接电缆。

2.气孔

等离子弧焊气孔常见于焊缝根部。引起气孔的原因可能有:焊件清理不彻底,焊接速度过快,弧压过高,填充丝送进速度太快,起弧和收弧处工艺参数配合不当。

防止措施是调整规范参数和焊枪适当后倾。

习　题　7

简述等离子弧焊与 TIG 焊的异同。

第8章 电渣焊

8.1 电渣焊原理、类型及特点

8.1.1 电渣焊原理

电渣焊是利用电流通过液态熔渣产生的电阻热熔化母材和焊丝的焊接方法。图8.1表明了电渣焊的原理。焊件为立焊位置,首先,在起焊槽内在焊丝与起焊槽间引燃电弧,然后在熔池形成后,向电弧撒焊剂,电弧热将焊剂熔化形成渣池。待渣池达到一定高度后,提高送丝速度,将焊丝端部处于渣池中,熄灭电弧,电阻热继续将焊丝、焊剂和母材熔化。随着熔化量的增加,熔池、渣池液面逐渐上升,水冷成形滑块由纯铜制作,内通循环冷却水,在焊件两侧紧贴焊件,并同步向上移动,既能容纳熔池和渣池,又起到强制冷却成形的作用。焊接一直进行到引出板处,待焊缝全部冷却成型后,切掉引出板。

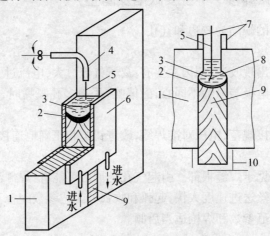

图8.1 电渣焊原理示意图

1— 焊件;2— 熔池;3— 渣池;4— 导电嘴;5— 焊丝;
6— 水冷成形滑块;7— 引出板;8— 熔滴;9— 焊缝;10— 起焊槽

8.1.2 电渣焊类型

按照电极的断面形状,电渣焊分为丝极电渣焊、熔嘴电渣焊和板极电渣焊。按照电极数量,分为单极电渣焊和多极电渣焊。按照用途,分为连接电渣焊和电渣堆焊。

1. 丝极电渣焊

图8.1为单丝电渣焊,图8.2为多丝电渣焊。多丝电渣焊的优势在于,可以焊接更大

的板厚,焊丝规格通用性强。不足之处在于设备复杂。

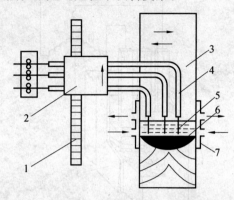

图 8.2　多丝电渣焊示意图

1— 机头行走机构;2— 机头;3— 焊件;4— 导电嘴;5— 焊丝;6— 熔池;7— 水冷滑块

2. 熔嘴电渣焊

图 8.3 为熔嘴电渣焊示意图。在焊丝外加装钢管或同时加钢板,焊接中钢管及钢板参与熔化进入熔池形成填充金属,大大提高熔覆效率。同时,对于有曲率的环形焊缝,熔嘴可以弯曲成固定的形状,克服焊丝刚度不足无法焊接环形焊缝的不足。

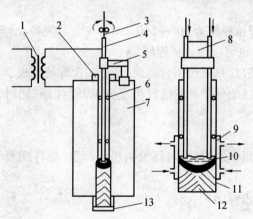

图 8.3　熔嘴电渣焊示意图

1— 电源；2— 引出板;3— 焊丝;4— 熔嘴;5— 熔嘴夹持架;6— 绝缘块;7— 焊件;
8— 钢板;9— 水冷滑块;10— 渣池;11— 熔池;12— 焊缝;13— 引弧槽

3. 板极电渣焊

图 8.4 为板极电渣焊的示意图。板状电极大大增加了填充金属的截面积,使熔覆效率大大提高,从而提高了焊件的厚度和生产效率。电极可以是轧制、锻造或铸造的,成分设计灵活。由于板状电极的刚度不高,所以,适合大厚板和短焊缝的焊接,还广泛用于电渣堆焊。

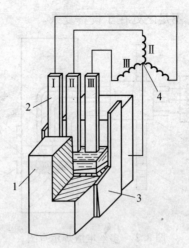

图 8.4　板极电渣焊示意图

1— 焊件;2— 板状电极;3— 成型滑块;4— 电源

8.1.3　电渣焊特点

与其他熔化焊相比,电渣焊有明显的优势,也存在特有的不足。

1.电渣焊的优势

① 可焊特厚板。焊接厚度为50 ~ 500 mm。在电力装备、冶金设备等制造中应用广泛,既可以焊接直焊缝,也可以焊接环焊缝。

② 焊件无需加工坡口,只需预留合适的间隙,一次焊接完成,可节约大量填充金属。

③ 焊接速度慢,渣池的保护和脱渣反应充分,焊缝纯净;同时,有利于防止淬透性强的合金钢的淬火裂纹。

2.电渣焊的不足

① 焊接时间长,所以热影响区宽,且组织粗化严重,焊件需要焊后退火处理,以细化晶粒,消除脆性。

② 设备组成复杂,占地面积大,投入大。

8.2　电渣焊设备

通常的电渣焊设备由电源、机头两大部分组成,其中机头包括送丝机构、摆动机构、行走机构、导电机构、水冷成形滑块等。图8.5是三丝电渣焊设备。

1.电源

电渣焊电源可用交流电源和直流电源。为确保焊接过程电压稳定,减少对电网的影响,电渣焊电源的外特性要求为平特性(恒压特性)。电源负载持续率100% ,单根焊丝电源额定电流一般在750 A以上。

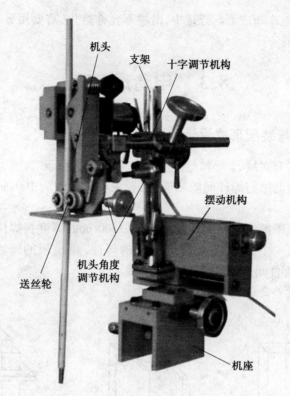

图8.5 三丝电渣焊设备(不含电源)

2.机头

（1）送丝和摆动机构

送丝机通常是由独立电极单独驱动的送丝轮进行送丝,有时也用一台电极驱动多组送丝轮,进行多丝送进。

当每根焊丝焊接宽度超过70 mm时,需要焊丝进行往复摆动,此时需要焊机有摆动机构。焊丝的摆动通过导电嘴、送丝轮的整体摆动实现。摆动的幅度、速度和两端位置可以设定并控制。

（2）行走机构

行走机构带动滑块和机头沿着焊缝做直线运动,以跟进焊接过程。从构造上,行走机构有钢轨式和齿轮－齿条式。钢轨式行走机构是机头的行走轮在钢轨上匀速行走实现的。齿轮－齿条式是爬行齿轮在固定的齿条上匀速移动。不论哪种结构形式的行走机构,都需要电动机牵引,减速机减速,可以无级变速。

（3）导电机构

导电机构为铜质导电嘴,其作用是将电力传导给焊丝。导电嘴的内孔要与焊丝形成过渡配合。导电嘴工作时靠近熔池和渣池,通常用耐热性好的铍青铜制作。

（4）水冷成形滑块

水冷成形滑块对称布置在焊件两侧,与焊件共同围合成一个熔池空间,用以容纳熔池和渣池,同时强制熔池冷却成形。焊接中,滑块不允许熔化,需要用导热性良好的纯铜制造,通以循环冷却水。

8.3　电渣焊工艺

8.3.1　接头与装配形式设计

电渣焊接头形式有对接、T 形和角接接头等,如图 8.6 所示。

引弧槽及引出板间隙与焊件间隙相同,二者深度一般均为 100 mm。槽壁厚一般取 50 mm。

定位板距焊件上下两端的距离一般为 200 ~ 300 mm,厚度视焊件厚度和大小而定,一般在 50 mm 左右。对于厚度大于 500 mm 的焊件,定位板的厚度要加大,取 70 ~ 100 mm。定位板与焊件间焊缝要满焊,确保牢固。

焊件装配错边允差 2 mm。

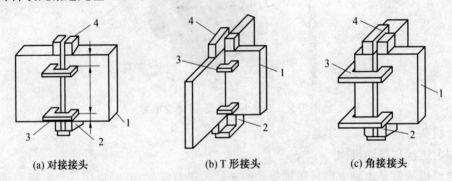

(a) 对接接头　　　　　　(b) T 形接头　　　　　　(c) 角接接头

图 8.6　电渣焊接头形式与装配方法
1— 工件;2— 引弧槽;3— 定位板;4— 引出板

8.3.2　电渣焊焊材选择

1. 焊丝

丝极电渣焊用到的填充材料为焊丝。焊丝有实心焊丝和药芯焊丝。目前,药芯焊丝在电渣焊中所占比重越来越大,已经超过了实心焊丝。用于电渣焊的焊丝在填充金属成分设计上要考虑电渣焊的特殊性,即电渣焊热输入大,焊接时间长,接头热影响区极宽,组织粗化严重。所以,焊丝中要添加适量的细化晶粒元素,包括 Mo、V、Ti、Nb 等,比如,用于焊接 Q390 钢的焊材推荐选用 H10Mn2MoVA 焊丝。

为了使焊缝金属具有良好的抗裂性能,要严格控制焊丝中杂质元素 S、P 的含量。同时,焊丝中 C 元素含量要比母材低。由于含碳量低导致焊缝强度下降,可以通过焊丝中的 Mn、Si 及其他合金元素进行补偿。焊接合金元素含量高的低合金钢时,需要使焊缝金属与母材的化学成分尽可能地接近。因为这类钢需要焊后热处理进行强化,焊缝金属与母材化学成分相近,才能保证热处理后组织性能的均一,减小产生应力、裂纹、变形等倾向。表8.1是几种常用电渣焊焊丝。

表8.1 常用钢材电渣焊焊丝选用举例

母材钢号	焊丝牌号
Q235A、Q235B、Q235C、Q235R	H08A、H08MnR
20g、22g、25g、Q295、Q345	H08Mn2Si、H10MnSi、H10Mn2、H08MnMoA
Q390(15MnV、15MnTi、16MnNb)	H10Mn2MoVA
14MnMoV、14MnMoVN	H10Mn2MoVA、H08Mn2NiMo

2. 熔嘴

电渣焊用到的熔嘴是与填充材料成分一致或非常接近的钢管及连接于钢管之间的钢板。熔嘴在焊接中同焊丝一起熔化进入熔池变成焊缝。要求其表面洁净,截面尺寸根据焊件厚度选择。熔嘴需要足够的尺寸以保证刚度和填充效率。

3. 板极

板极电渣焊的极板与丝极电渣焊中的焊丝一样作为填充材料使用,区别在于其断面形状为长方形,截面积远远大于焊丝,板极的厚度多为 8 ~ 16 mm,宽度为70 ~ 110 mm。目的是提高焊接效率。板极电渣焊期间,电极板无需摆动便可以焊合大厚度焊件,大大提高了生产率,但需要大功率的极板送进机构。

4. 焊剂

电渣焊的焊剂主要起两个作用:一是熔化形成渣池,电阻热持续将焊丝(极板、熔嘴)及母材熔化;二是未熔化的焊剂覆盖渣池,隔绝空气,防止气孔产生。与埋弧焊不同的是,电渣焊焊剂用量少,所以,不能期望通过焊剂向焊缝金属中过渡合金元素。由于电渣焊过程是先引燃电弧再覆盖焊剂,所以对焊剂提出的要求之一是能够迅速熔化形成渣池。为了确保足够的热效率,对焊剂提出的第二个要求是熔渣需要有足够的电阻,以产生足够大的电阻热持续熔化母材和焊材。第三个要求是熔渣的黏度要适当。过黏会造成夹渣或咬肉现象;过稀则会造成熔渣流失,无法形成完整的焊缝。表8.2是几种电渣焊常用焊剂的化学成分。

表8.2 常用电渣焊焊剂的化学成分

牌号	类型	化学成分(质量分数)
HJ170	无锰、低硅、高氟	$SiO_2 = 6\% \sim 9\%$,$TiO_2 = 35\% \sim 41\%$,$CaO = 12\% \sim 22\%$,$CaF_2 = 27\% \sim 40\%$,$NaF = 1.5\% \sim 2.5\%$
HJ360	中锰、高硅、中氟	$SiO_2 = 33\% \sim 37\%$,$CaO = 4\% \sim 7\%$,$CaF_2 = 10\% \sim 19\%$,$MnO = 20\% \sim 26\%$,$MgO = 5\% \sim 9\%$,$Al_2O_3 = 11\% \sim 15\%$
HJ431	高锰、高硅、低氟	$SiO_2 = 40\% \sim 44\%$,$CaO \leqslant 6\%$,$CaF_2 = 3\% \sim 7\%$,$MnO = 34\% \sim 38\%$,$MgO = 5\% \sim 8\%$,$Al_2O_3 \leqslant 4\%$

8.3.3 工艺参数

以丝极电渣焊为例,电渣焊的工艺参数主要有电流、电压、送丝速度、渣池深度、装配间隙等,次要的工艺参数有焊丝数量、焊丝干伸长度、焊丝摆动幅度、摆动速度、摆动位置、摆动停留时间等。

电渣焊工艺参数的选择一般遵循优质高效的原则,即在确保焊接过程稳定和焊缝质量的前提下,尽可能提高生产效率。各工艺参数对焊接质量和生产效率都会产生不同程度的影响。

(1) 电流 I 与送丝速度 v_f

一方面,电流过大,导致焊件熔化深度大,热影响区加宽。渣池过热沸腾,保护效果差。焊丝熔化速度 v_m 大于送进速度 v_f,会使焊丝端部脱离渣池形成电弧,不利于焊接过程稳定。另一方面,电流过小,焊接生产率低,母材熔化及冶金反应不充分,容易造成夹渣、气孔、熔合不良等缺陷。也会导致焊丝熔化速度低于送进速度,导致焊丝越过渣池进入熔池,产生短路飞溅。

(2) 焊接电压 U

电压过大,导致热输入增加,熔池和渣池过热。焊丝前端脱离渣池产生电弧。母材熔化量增加,导致熔合比增加。电压过小,焊丝容易伸入熔池形成短路,也会产生熔合不良。

(3) 渣池深度 h

渣池深度过大,熔池温度偏低,易出现熔合不良等缺陷;渣池深度过小,焊丝容易露出渣池形成电弧。

(4) 装配间隙 b

装配间隙过大,焊接时间长,热影响区宽;装配间隙过小,焊丝容易与工件接触产生电弧,焊接过程不稳定。

(5) 焊丝数目 n

焊丝数目越少,熔宽越不均匀,焊接效率越低;焊丝数目越多,熔宽越均匀,焊接效率越高,但设备变得复杂,操作难度大。

(6) 焊丝干伸长度 l_e

焊丝干伸长度越大,焊丝熔化越快,效率提高,但是焊丝刚度不足,容易产生焊道不均匀;焊丝干伸长度越小,导电嘴距离渣池越近,容易受热变形,飞溅也会阻塞导电嘴。

8.3.4 基本操作要领

电渣焊的基本操作步骤是:引弧造渣 → 正常焊接 → 收尾。

1. 引弧造渣

引弧在引弧槽内进行,为便于引弧,通常在引弧槽内放置一些铁屑,撒上一层焊剂。引弧电压和电流要比正常焊接时略大。焊丝干伸长度一般为 40 ~ 50 mm。电弧引燃后,逐步添加焊剂将电弧压住,以防出现飞溅。当焊剂熔化,渣池达到一定深度时,将电流和电压跳到正常焊接水平,开动滑块,开始焊接。

2. 正常焊接

正常焊接时,要密切关注焊接过程,保证焊接工艺参数的恒定,以确保焊接过程的稳定,得到高质量的焊缝。具体需要做到以下几点:

① 保持焊接工艺参数的稳定,不能随意改变和调整,确保焊接质量稳定。

② 经常检查渣池深度,当渣池深度发生变化时,通过调整工艺参数或补充焊剂使之恒定。

③ 密切关注焊丝位置,使之处于焊缝中心。

④ 经常检查水冷滑块出水温度,防止过热。

3. 收尾

收尾要在引出板上进行,以防焊缝中出现缩孔、裂纹。当渣池位置超过焊件进入引出板时,逐渐减小电压和电流,放慢焊接速度直至断电。断电后要在恰当的时间切除引出板。过早会造成补缩不足产生焊缝缩孔;过晚会导致裂纹扩展至焊缝。

8.3.5 焊后热处理

电渣焊焊接过程缓慢,热影响区宽,组织粗化严重,焊后进行必要的检查和修补后要及时进行热处理,以防应力释放形成裂纹。电渣焊件的热处理通常是退火处理,以细化晶粒、消除应力、稳定组织。为完成退火的加热和炉冷,需要专门砌筑足够大的加热炉,将焊件整体放入炉中加热和冷却。

习 题 8

电渣焊接头的组织与性能与其他焊法接头相比有什么显著特点? 应进行怎样的后续处理?

第9章　高能束焊接

9.1　激光焊

激光焊是一种高效、精密、低污染的先进焊接方法,在航空航天、机械、汽车、电子、通信、医疗等诸多领域有广泛的应用。

9.1.1　激光焊原理与特点

激光焊是利用聚焦的激光束照射工件,光能转化成热能将工件熔化进行焊接的一种熔化焊方法。聚焦的激光束能量密度很高,可达 10^9 W/cm^2,因此,激光焊是一种高能束焊接方法。

因为激光这种热源的特殊性,使得激光焊具有如下特点:

① 与电弧焊方法相比,聚焦激光束能量密度高,光斑面积小,因此,加热速度快,线能量低,所以焊缝热影响区窄。

② 可以焊接常规熔焊方法难以焊接的高熔点材料,如钨、钼等金属。

③ 因加热速度快,所以可以焊接厚板也可以焊接薄板、细丝,完成快速精密焊接。

④ 工件无需带电,只要有足够的吸光性就可以焊接,因此可以焊接很多非金属材料,如玻璃、塑料、陶瓷等。

⑤ 与电子束焊相比,无需真空环境,激光束不受电磁场干扰,可以进行大件焊接。

⑥ 激光束可以通过光纤传输,反射损失小,所以可达性好,可焊结构复杂构件。

⑦ 工件的吸光性差时,激光束的能量转化率低,焊接困难。

⑧ 激光焊设备组成复杂,造价高,投入大。

9.1.2　激光焊设备

激光焊设备由电源及其控制装置、激光器、光路系统、焊枪、操控系统、气源与水源、工作台组成,如图9.1所示。

1. 激光器

用于焊接的激光器常用固体激光器和气体激光器,另外还有 CO_2 气体激光器、半导体激光器、准分子激光器等,其中,以 CO_2 气体激光器居多。

(1) 固体激光器

固体激光器的工作物质为红宝石、YGA(钇铝石榴石)或钕玻璃棒。固体激光器的组成及工作原理如图9.2所示。高压电源对储能电容供电,触发电路导通泵灯,并使电容对其放电,使其发出强光。经聚光器汇聚集中照射在工作物质上,产生激光,激光在谐振腔中振荡放大后通过部分反射镜输出成为工作激光束。

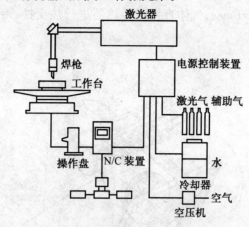

图 9.1   激光焊设备组成示意图

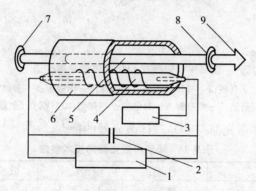

图 9.2   固体激光器组成及工作原理

1— 高压电源;2— 储能电容;3— 触发电路;4— 泵灯;5— 工作物质;

6— 聚光器;7— 全反射镜;8— 部分反射镜(窗口);9— 激光束

（2）气体激光器

气体激光器基本都是以 CO_2 气体为工作介质。CO_2 气体激光器分为低速轴流式、快速轴流式和横流式三种。

低速轴流式气体激光器构造如图9.3所示。放电管内充以循环流动的CO_2、N_2、He等混合气体,电极间加上高压直流电,通过混合气体辉光放电,激励CO_2气体产生激光,经谐振腔振荡放大后,通过部分反射镜输出。

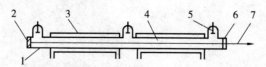

图 9.3   串联低速轴流式气体激光器

1— 放电管;2— 全反射镜;3— 冷却水管;4— 工作气体;5— 电极 ;6— 部分反射镜;7— 激光束

图 9.4 是横流式 CO_2 气体激光器构造。高速压气机使混合气体通过放电区垂直于激光束流动，其速度可达 50 m/s，气体直接与换热器进行热交换，冷却效果好，一般输出功率为 2 kW。

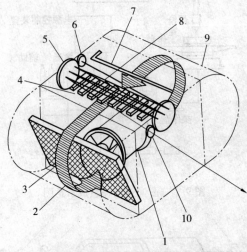

图 9.4 横流式 CO_2 气体激光器构造

1— 压气机；2— 气流方向；3— 换热器；4— 阳极板；5— 折射镜；
6— 全反射镜；7— 阴极管；8— 放电区；9— 外壳；10— 部分反射镜(窗口)

表 9.1 列举了固体激光器与 CO_2 气体激光器的特点。

表 9.1 焊接用激光器的技术参数

激光介质		工作模式	输出功率	波长 /μm	效率 /%
固体	红宝石	脉冲	1 ~ 20 J	0.69	0.5
	YGA	脉冲	1 ~ 50 J	1.06	3
气体	CO_2	连续	100 ~ 20 000 W	10.6	10

2. 光路系统

光路系统的功能是将激光器产生的激光传输并聚焦在工件上，通常有透射式聚焦和反射式聚焦两种光路系统。图 9.5 分别是透射式聚焦光路系统和反射式聚焦光路系统示意图。透射式聚集系统常用于固体激光器，CO_2 气体激光器采用反射式聚焦系统。

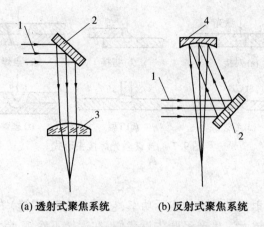

图 9.5　两种聚焦模式的光路系统

1— 激光束;2— 反射镜;3— 凸透镜;4— 凹面镜

9.1.3　激光焊工艺

1. 接头形式

（1）脉冲激光焊的接头形式

脉冲激光焊时,每一个激光脉冲在接头上形成一个焊点。脉冲激光焊熔化金属是靠金属间的热传导作用,金属的温度控制在沸点附近,不形成熔池小孔,适用于微型、精密元件的焊接。图 9.6 是脉冲激光焊典型接头形式。

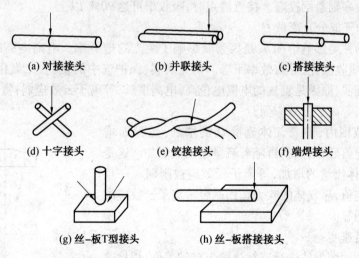

图 9.6　脉冲激光焊接头形式

（2）连续激光焊的接头形式

连续激光焊主要用于板材的连续焊缝焊接,能量转换通过熔池小孔完成,小孔周围是熔融的液态金属,由于壁聚集效应,充满蒸气的小孔几乎把入射的激光能量全部吸收,然后经热传导到达工件内部。因此,连续激光焊又称为深熔焊。其常用的接头形式如图9.7所示。

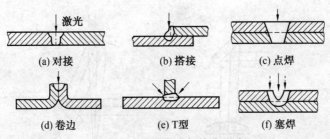

图 9.7　连续激光焊接头形式

2. 焊接工艺参数

（1）激光功率 P

激光功率是指照射到工件上的实际功率，它影响焊点（焊缝）的熔深。当其他参数一定时，P 越大，则熔深越大。生产经验告诉我们，在焊接不锈钢、钛合金等材料时，工件的最大熔深 $h_{\max}$ 与入射功率 P 之间存在如下关系：

$$h_{\max} \propto P^{0.7}$$

（2）光斑直径 d

在入射功率 P 一定时，光斑直径决定了功率密度。光斑直径越小，则功率密度越大，加热速度越快。

（3）吸收率 ρ

吸收率决定了工件对入射激光束能量的利用率。研究表明，吸收率与金属表面温度有关，大多数金属在室温时对 $10.6~\mu\mathrm{m}$ 波长的红外光吸收率都不足 90%，但是金属熔化、汽化后的吸收率则急剧提高。接近沸点时，吸收率可达 90% 以上。

（4）保护气成分及流量 Q

保护气的种类影响熔深 h，是因为其影响了激光的透射率。电离度高的气体容易产生等离子云，吸收激光，导致效率下降。研究表明，保护气中的氦气、二氧化碳气和氩气，依次使熔深变浅，原因是氦气的电离电位高，电离度低，等离子云效应弱；氩气的电离电位低，容易电离，等离子云效应强。

在一定范围内，随着气体流量 Q 的增加，熔深 h 增加。到达一定值后，熔深不再随着流量增加而增加。这是因为，随着气体流量的增加，等离子云效应被削弱。一旦流量达到一定值，靠气体的吹力作用减轻等离子云效应的作用变得不明显。

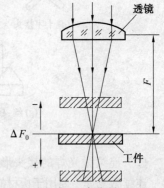

图 9.8　离焦量 ΔF

（5）焊接速度 v

对于采用深熔焊法进行连续焊缝焊接的工件，焊接速度决定了熔深。焊接速度越大，则熔深越浅。

（6）离焦量 ΔF

离焦量是工件表面到激光焦点的距离，如图 9.8 所示。$\Delta F > 0$ 为正离焦，$\Delta F < 0$ 为负离焦。离焦量不仅影响光斑大小，而且影响入射光的方向，对熔深和焊缝形状有明显影响。$|\Delta F|$ 越大，熔深越小，趋于传导型焊接；越小，熔

深越大,趋于深熔型焊接。

9.1.4 激光焊的安全防护

激光的能量密度很高,其亮度也比太阳光、弧光高出几十个数量级,激光设备的电源工作电压高达几千伏甚至上万伏,会对人体产生严重伤害,必须对激光焊设备进行必要的安全防护,人员作业时也必须有必要的防护措施。

1. 设备的防护

(1)设备要有良好的接地。电气系统外罩有互锁装置,并且确保维修人员进入维修门之前电容放电。

(2)激光光路系统应尽可能全封闭,如果不能够全封闭,光路应置于较高位置,使光路避开人体。

(3)工作台应用玻璃、有机玻璃等做防护罩,防止反射光。

(4)激光设备工作场地周围应设置警示标志、防护栏,防止无关人员进入。

2. 人体的防护

(1)操作者必须佩戴防护眼镜。

(2)操作者应穿白色工作服,以减少漫反射。

(3)焊接区应配有有效的通风装置。

9.2 电子束焊

利用加速和聚焦的电子束轰击置于真空或非真空中的焊件所产生的热能进行焊接的方法,称为电子束焊(Electronic Beam Welding)。电子束焊在工业上的应用只有 50 多年的历史,首先是用于原子能及宇航工业,继而扩大到航空、汽车、电子、电气、机械、医疗、石油化工、造船、能源等几乎所有工业部门,创造了巨大的社会及经济效益。

9.2.1 电子束焊的工作原理

电子束焊的工作原理如图 9.9 所示。在真空条件下,从电子枪中发射的电子束在高电压(通常为 20 ~ 300 kV)加速下,通过电磁透镜聚焦成高能量密度的电子束。当电子束轰击工件时,电子的动能转化为热能,焊区的局部温度可以骤升到 6 000 ℃ 以上,使工件材料局部熔化实现焊接。在高压金属蒸气的作用下熔化的金属被排开,电子束继续撞击深处的固态金属,很快在被焊工件上钻出一个锁形小孔,表面的高温还可以向焊接件深层传导。随着电子束与工件的相对移动,液态金属沿小孔周围流向熔池后部,逐渐冷却,凝固形成了焊缝。

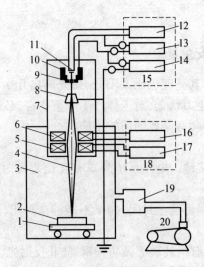

图 9.9 电子束焊原理

1—焊接工作台;2—工件;3—真空室;4—电子束;5—偏转线圈;6—聚焦线圈;7—电子枪;
8—阳极;9—聚束极;10—阴极;11—灯丝;12—灯丝电源;13—轰击电源;14—高压电源;
15—高压电源系统;16—聚焦电源;17—偏转电源;18—控制系统;19—扩散泵;20—机械泵

9.2.2 电子束焊分类与用途

(1)按被焊接工件所处真空度的高低分

① 高真空电子束焊。被焊工件放在真空度为 5×10^{-2} Pa 以上的工作室中进行焊接,这种方法目前应用最为广泛。其缺点是工件大小受工作室尺寸的限制。

② 低真空电子束焊。工作室真空度保持在 1 ~ 10 Pa。它与高真空电子束焊相比,具有真空系统简单、启动快、效率高,减弱了焊接时的金属蒸发等。

③ 非真空电子束焊。它是将在真空条件下形成的电子束流,引入到大气环境中对工件进行焊接,为了保护焊缝金属不受污染和减少电子束的散射。束流在进入大气中时先经过充满氦的气室,然后与氦气一起进入到大气中。非真空电子束焊接成为一种实用的焊接方法,其最大优点是摆脱了工作室尺寸对工件的限制,因而扩大了电子束焊的应用范围。

(2)按电子束焊机的加速电压高低分

① 高压电子束焊。其加速电压一般为 60 ~ 150 kV,可得到直径小、功率密度大的束斑和深宽比大的焊缝。其缺点是屏蔽焊接时产生的 X 射线比较困难。

② 中压电子束焊。加速电压为 30 ~ 60 kV。低压电子束焊,加速电压低于 30 kV。适于焊缝深宽比不高的薄板材料的焊接。

9.2.3 电子束焊特点

(1)电子束焊优点

与其他熔焊方法相比,电子束焊接有着明显的优势:

① 加热功率密度大。电子束功率为束流及其加速电压的乘积,电子束功率可从

几十 kW 到一百 kW 以上。电子束束斑(或称焦点)的功率可达 $10^6 \sim 10^8$ W/cm^2,比电弧功率密度约高 100 ~ 1 000 倍。由于电子束功率密度大、加热集中、热效率高、形成相同焊缝接头需要的热输入量小,所以适宜于难熔金属及热敏感性强的金属材料的焊接,而且焊后变形小,可对精加工后的零件进行焊接。

② 焊缝深宽比大。普通电弧焊的熔深熔宽比很难超过 2,而电子束焊的比值可高达 20 乃至 50 以上,所以电子束焊可以利用大功率电子束对大厚度钢板进行不开坡口的单面焊,从而大大提高了厚板焊接的技术经济指标。目前电子束单面焊的最大钢板厚度超过了 100 mm,而对铝合金的电子束焊,最大厚度已超过 300 mm。

③ 熔池周围气氛纯度高。因电子束焊是在真空度为 $10^{-2} \sim 10^{-4}$ Pa 的真空环境中进行的,残余气体中所存在的氧和氮量大约是纯度为 99.99% 的氩气的几百分之一,因此电子束焊不存在焊缝金属的氧化污染问题。所以特别适宜焊接化学活泼性强、纯度高和在熔化温度下极易被大气污染(发生氧化)的金属,如铝、钛、锆、钼、高强度钢、高合金钢以及不锈钢等。这种焊接方法还适用于高熔点金属,可进行钨 – 钨焊接。

④ 焊接速度快,焊缝组织性能好。能量集中,熔化和凝固过程快,如焊接厚度 125 mm 的铝板,焊接速度达 40 cm/min,是氩弧焊的 40 倍。高温作用时间短,合金元素烧损少,能避免晶粒长大,使街头性能改善,焊缝抗蚀性好。

⑤ 焊件热变形小。功率密度高,输入焊件的热量少,焊件变形小。

⑥ 工艺适应性强。工艺参数易于精确调节,便于偏转,对焊接结构有广泛适应性。且工艺参数易于实现机械化、自动化控制,重复性、再现性好,提高了产品质量的稳定性。

⑦ 可焊材料多。特别适合难熔金属、化学性质活泼材料等的焊接。不仅能焊接金属和异种金属材料,也可焊接非金属材料。

⑧ 可简化加工工艺。可将重复的或大型整体焊件分为易于加工的、简单的或小型部件,用电子束焊为一个整体,减少加工难度,节省材料,简化工艺。

⑨ 电子束在真空中可以传到较远的位置上进行焊接,因而可以焊接难以接近部位的接缝。由于电子束焊是在真空内用聚焦高能电子束(> 10 kV)把接头加热到熔化温度的焊接,加热区域非常集中,因此只能焊接真空室内放得下的小零件。

(2) 电子束焊接的缺点

① 设备比较复杂,费用比较昂贵。

② 焊前对接头加工、装配要求严格,以保证接头位置准确、间隙小而且均匀。

③ 焊件的尺寸和形状受到工作室的限制。

④ 电子束易受杂散电磁场的干扰,影响焊接质量。

⑤ 电子束焊接时,会产生 X 射线,需严加防护。

9.2.4 电子束焊设备

典型的电子束焊设备由电子枪、高压电源系统、真空系统、控制系统、工作台及传动系统组成,如图 9.10 所示。下面重点介绍电子枪和真空系统。

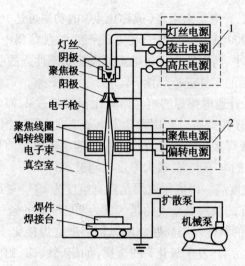

图 9.10　典型电子束焊设备
1— 高压电源系统;2— 控制系统

1. 电子枪

电子枪是发射、汇聚电子束的装置。按照加速电压分为高压枪、中压枪和低压枪;按照工作状态分为固定式和移动式。高压枪是固定式的,通常位于真空室上方。中压枪和低压枪可以是移动式的。

如图 9.10 所示,电子枪由灯丝、阴极、聚焦极、阳极、聚焦线圈、偏转线圈组成。工作时,灯丝照射阴极(靶),使其产生电子发射。电子经聚焦极飞向阳极,聚焦极对电子束起聚焦作用。聚焦线圈又称电磁透镜,是一个圆环形绕组,对电子束起汇聚作用。经电磁透镜聚焦的电子束到达工件对其进行轰击加热。偏转线圈对聚焦的电子束进行偏转,以使其对准工件。

2. 真空系统

真空电子束焊的真空系统由机械泵、扩散泵、真空阀门、管道和工作室组成。真空度靠真空泵连续工作维持。机械泵获得中度真空,扩散泵获得高真空。

工作室即焊接室,其容积和形状根据需要确定,可以有长方形和圆柱形。生产批量大、要求生产率高的工作室,一般设计容积要小些,以减少抽真空的时间。工作室应以低碳钢制造,以屏蔽外部磁场,避免其对电子束轨迹的干扰,而且需要有足够的抵抗外力的强度和刚度,及屏蔽 X 射线的能力。低压电子束焊机的工作室靠钢板厚度和合理的设计屏蔽 X 射线。高压电子束焊机的工作室则需要加装铅板。

9.2.5　电子束焊工艺

1. 接头设计

电子束焊的接头形式有对接接头、角接接头、T 形接头、搭接接头等形式。图 9.11、9.12、9.13、9.14 为电子束焊常用的接头形式。

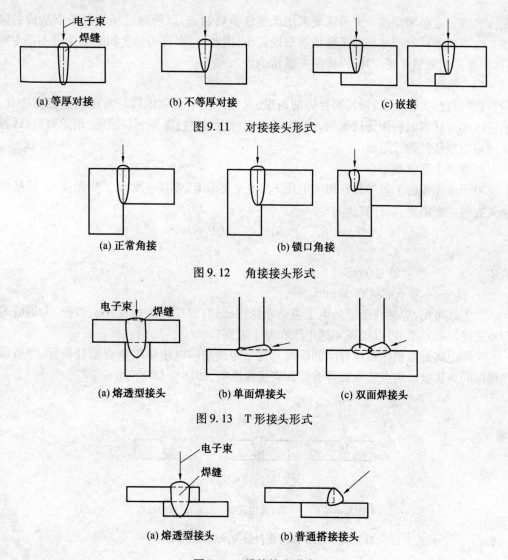

(a) 等厚对接　　　　(b) 不等厚对接　　　　(c) 嵌接

图 9.11　对接接头形式

(a) 正常角接　　　　(b) 锁口角接

图 9.12　角接接头形式

(a) 熔透型接头　　　　(b) 单面焊接头　　　　(c) 双面焊接头

图 9.13　T 形接头形式

(a) 熔透型接头　　　　(b) 普通搭接接头

图 9.14　搭接接头形式

2. 焊前准备

（1）接头的加工与清理

电子束焊接件的转配精度要求高,因此,焊件焊前需要进行机械加工,其表面粗糙度一般为 1.5 ~ 25 μm。

焊件结合面要进行严格仔细的清理,确保无氧化膜、油污等。

（2）接头的装配

接头装配时要达到紧密接合,无间隙,且结合面要保证平行,以确保电子束能均匀熔化接头两侧金属。

（3）工件的夹紧

电子束焊都是采用机械化或自动化操作,因此,工件需要用专用夹具夹紧,然后移动工作台进行定位和焊接。夹具需要采用无磁性金属制造,以消除磁场对电子束造成的偏转。电子束焊件的尺寸相对于电弧焊来说较小,因此,对夹具的强度和刚度要求不是主要的,但是其制造精度要很高,以确保夹紧精确。

(4)退磁

被焊材料为磁性材料时,需要焊前退磁,以免产生电子束偏转。常用的退磁方法有:感应线圈退磁和磁粉探伤仪退磁。前者是将工件缓慢经过工频感应线圈,消除剩磁;后者是用磁粉探伤仪进行退磁。

3. 焊接工艺参数

电子束焊接的工艺参数有加速电压 E_b、电子束流 I_b、焊接速度 v、工作距离 s。焊接热输入有前三者决定,其计算式为

$$E = \frac{60E_bI_b}{v} = \frac{60P_b}{v}$$

式中　　E——线能量,J/cm;

　　　　P_b——电子束功率,J/min。

从上式可见,焊接线能量与电子束功率成正比,与焊接速度成反比。因此,为提高熔深或提高焊接效率,可以提高加速电压和电子束流。

工作距离是指枪体距焊件间的距离。这个距离影响电子束聚焦点所处位置,类似激光焊接的离焦量。焦点位置对焊缝熔深有直接影响,如图9.15所示。

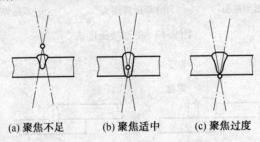

(a) 聚焦不足　　　(b) 聚焦适中　　　(c) 聚焦过度

图 9.15　电子束聚焦对熔深及焊缝形状的影响

参考文献

[1] 王文翰. 焊接技术手册[M]. 郑州:河南科学技术出版社,2000.

[2] 陈祝年. 焊接工程师手册[M]. 北京:机械工业出版社,2002.

[3] 中国机械工程学会焊接学会,中国焊接协会,哈尔滨焊接研究所. 焊工手册[M]. 北京:机械工业出版社,2003.

[4] 中国机械工程学会焊接学会. 焊接手册第1卷:焊接方法与设备[M]. 北京:机械工业出版社,2001.

[5] 杨春利,林三宝. 电弧焊基础[M]. 哈尔滨:哈尔滨工业大学出版社,2003.

[6] 郑宜庭,黄石生. 弧焊电源[M]. 北京:机械工业出版社,1988.

[7] 王宗杰. 熔焊方法及设备[M]. 北京:机械工业出版社,2011.

[8] 邱葭菲. 焊接方法[M]. 北京:机械工业出版社,2009.

[9] 刘会杰. 焊接冶金与焊接性[M]. 北京:机械工业出版社,2008.

"十二五"国家重点图书出版规划项目

材料科学研究与工程技术系列（应用型院校用书）

材料基础实验教程	徐家文
热处理设备	王淑花
材料表面工程技术	王振廷
材料物理性能	王振廷
摩擦磨损与耐磨材料	王振廷
焊接工程实践教程	郑光海
金属材料工程实践教程	李学伟
铸造工程实践教程	毛新宇
焊接检验	鲍爱莲
金相显微分析	陈洪玉
材料科学与工程导论	刘爱莲
材料成型 CAD 设计基础	刘万辉
复合材料	刘万辉
压力焊方法与设备	王永东
熔焊方法与设备	郑光海
铸造合金及其熔炼	王振玲
材料工程测量及控制基础	徐家文
钎焊	朱　艳
材料化学	赵志凤